전기기기공학

전력전자와 전동기 구동의 기초

多田隈 進 지음

한양대학교 에너지변환연구실 옮김

Electric Machinery Engineering

II

홍릉과학출판사

DENKIKIKIKOGAKU II 2 HANKAITI

by Denki-gakkai

개정에 대해서

사이리스터가 개발된 지 50년 이상이 된다. 파워일렉트로닉스(전력전자)라고 하는 용어가 사용되기 시작한 지 30년이 넘는다. 많은 전력용 반도체소자가 개발되어 여러 가지 전력변환회로가 고안되고, 전기기기공학의 모습이 크게 바뀌어 왔다. 이때까지는 직류기·유도기·동기기 등의 전기기기를 알면 그 응용분야까지 논의할 수 있었지만, 전력전자의 출현에 의해 응용 면에서 전기기기를 보고 토론하는 것이 현실에 맞는다는 느낌이 있다. 전자기기와 전력변환·제어 기술은 불가분의 관계에 있어서 어느 쪽이든 한쪽이 부족하면 실제 학문과는 동떨어진 학업이 될 수도 있다. 따라서 전기기기공학의 강의는 [(전기기기)+(전력전자)]가 되어 이전보다 더욱 더 넓은 기술 영역을 커버해야 한다.

한편, 교육현장을 보면 학생은 전기·전자로부터 정보공학까지 많은 수업 과목을 소화하지 않으면 안 된다. 하나의 과목에 할애할 수 있는 시간은 해마다 줄어드는 상황에 있다.

1994년에 전기 주임 기술자 제도의 일부가 변경되어 전력전자는 선택 과목에서 필수 과목으로 변경되었다. 이것은 전력전자가 주임 기술자에 있어서 필수의 과목으로 인지된 것이어서 교육을 담당하는 사람은 그 중책을 완수하도록 시간을 쏟아야 한다. 전력전자는 기술적 진보가 다방면에서 이뤄지고 있기 때문에 한 학기당 15회의 강의로 무엇을 알려줘야 할 것인가는 사람에 따라 많이 달라진다. 전기 기술자란 평이하게 말하면 고전압 전기설비의 보안 감독을 실시하는 자격을 가지고, 수업 과목으로서는 「이론·계측」「발변전·송전」「전기기기·응용」「법규」를 중심으로 선택 과목과 필수 과목이 설정되어 있다.

이런 배경에서 전력전자에 관한 강의로 무엇을 가르쳐야 할 것인가를 심사숙고하여 집필한 것이 본서이다. 집필의 구상과 내용의 특징을 정리하면 다음과 같다.

(1) 20년 전에 출판한 拙書 "전기기기공학 II (개정판)"라고 하는 제목을 살려, 내용을 명확하게 하기 위해서 "전력전자와 전동기 구동의 기초"라고 하는 부제를 붙였다.

(2) 구판 「전기기기공학 II (개정판)」의 제6장과 제7장을 기본으로 하여 제 8, 9, 10장을 원칙적으로 제거했다. 처음 단락을 모두 변경하여 전력분야까지 언급하였으나, 요약을 염두에 두었다.

(3) 각 문장의 처음에 "이 장의 목적"을 정리해 강의 및 학습의 목표를 명확히 했다. 장을 끝낸 후 다시 읽으면 진도 체크에도 도움이 될 것이다.

(4) 각 장을 2회 정도의 강의로 종료할 수 있을 정도로 세분화했다.
- 제1장~제2장은 전원장치와 전력변환의 기초이론
- 제3장~제5장은 산업 응용을 염두에 둔 교류 전동기의 구동
- 제6장은 전기철도 응용을 목표로 한 전력변환
- 제7장은 발전·송전분야의 전력전자 등으로 집약해 기본적이며 중요한 사항을 철저하게 다루려고 했다.

(5) 실제의 강의에서 원리 설명을 끝없이 하면 학생은 질리는 경향이 있다. 본서에서는 원리 설명을 앞에 두고 예제를 통해 이해를 돕도록 배려했다.

최근의 학부 교육은 전문가의 육성이라고 하는 것보다 광범위한 지식을 갖는 인재의 육성이라고 하는 색채가 강하다. 그 의미로 교과서는 쉽고 콤팩트할 필요가 있으나 본서가 당초의 목표를 달성하고 있을지에 대해서는 독자의 판단에 맡긴다. 강의를 담당하는 선생님의 교과과정 작성과 Minimum Level의 달성에 본서가 도움이 될 수 있을 것을 바라고 있다.

2008년 9월
타다쿠마 스스무

범례

1. 학술용어는 문부 과학성 제정의 학술용어, 전기학회 전문용어집 및 일본공업규격으로 채용되고 있는 용어에 의했다.
2. 단위는 국제단위계(SI)를 원칙으로 했다.
3. 그림, 표 및 식 번호는 본문 중에서 각 문장에 대한 일련번호로서 인용의 편리를 도모했다.
4. 그림, 표를 본문에서 최초로 인용할 때, 그 그림 번호, 표 번호를 굵은 글씨로 나타냈다.
5. 그림 기호는 원칙으로서 일본공업규격 「JIS C 0617 시리즈 전기용도 기호」에 따랐다.
6. 단위 기호와 양의 기호는 원칙으로서 일본공업규격 「JIS Z 8202 시리즈량 및 단위」에 따라, 양의 기호는 V, I, Φ, v, i와 같이 이탤릭 문자를, 단위 기호는 V, A, Wb와 같이 일반 기호를 이용했다.
7. 양의 기호의 뒤에 단위 기호를 첨부하는 경우는 양자의 구별을 명확하게 하기 위해 단위 기호를 괄호 안에 나타냈다. **예** V[V], I[A]
8. 점, 선, 소자, 물건을 영문자를 사용해 지시하는 경우는 일반 문자를 이용했다.
   예 점 P, 코일 C, 전압계 V
   단, 관례로서 저항 R, 콘덴서 C와 같이, 이러한 소자가 가지는 전기적량으로 소자를 나타내는 경우는 이런 제한을 두지 않았다.
9. 연산 기호는 일본공업규격 「JIS Z 8201 수학 기호」에 따라서 원칙으로서 일반 문자로 나타냈다.
   예 sin, d, Σ, ln, log
   단, 양의 의미인 경우는 이탤릭체로 했다.
10. 자연대수는 ln, 상용대수는 log로 나타내었다.
11. 자연대수의 밑 e=2.71828……와 허수 단위 $\sqrt{-1}$ 을 나타내는 j는 일본공업규격 JIS Z 8201에 따라 일반 문자를 이용했다.
12. 지수함수는 지수 x가 간단할 때는 e^x의 형태로, 복잡한 식의 경우는 $\exp(x)$의 형태로 나타냈다.
13. 그 외의 그림 기호, 약자에 대해서는 본문 중에서 필요에 따라 명시했다.

CONTENTS

목차

제4장 동기전동기의 구동 / 53

제5장 유도전동기의 구동 / 77

제1장

전력전자의 기초

이 장의 목적

1. 주변에서 전력전자가 사용되고 있는 것을, 실용 예를 통해 알아본다.
2. 전력 반도체로서 중요한 사이리스터, 트랜지스터의 특성과 사용 방법을 배운다.
3. 전력 반도체에는 전류(轉流)턴오프형과 자기턴오프형이 있으며, 각각의 특징과 결점을 감안한 사용 방법을 배운다.

1.1 대학 강의 「전력전자」가 목표로 하는 것

위스콘신 대학의 T. A. Lipo 교수가 2000년 6월호의 미국전기학회에 감회를 기고하였다. 그 중, 「다가올 세기 이야기는 과거를 되돌아보는 것이 중요하다. The US National Academy의 조사에 의하면, 20세기가 큰 기술 업적으로서 "사회의 전기화"가 제1위라고 했고, 컴퓨터가 제8위와 통신기술이 제9위로 이들을 제치고 제1위이다」라는 것이 소개되고 있다.

「전기기기공학 I」에 기술된 개개의 전기기기, 본서로 말하는 전력용 전자공학 및 전자기기와 융합된 시스템이 에너지의 발생으로부터 수송, 각종 산업·물류로부터 일반 가정에 이르기까지, 선진국의 전기화에 기여한 곳은 언급하지 못할 정도로 많다.

1994년, 통상산업성(현 경제산업성)의 전기 기술자에 관한 시험제도·자격 취득 요건의 재검토를 해 지금까지 기계 분야에서 선택 과목으로서 다루어진 전력용 전자공학이 필수로 변경되었다. 이것은 말할 필요도 없이 전기기기공학과 전력전자공학이 현대 사회에 있어 핵심 과목으로 인정되는 것을 의미하고 있다.

강의의 처음에, 무엇을 위해서 전력전자공학의 강의를 받을까 물었던 적이 있다. 전기기기공학과 그 주변 기술을 대학졸업 후의 직업으로 하려고 하는 사람은 그다지 많지 않고

- 전기 기술자의 자격 취득에 필요하기 때문에 학점을 취득하고 싶은,
- 전력 분야에서 전력전자공학이 어떻게 도움이 되고 있을까 알고 싶은,
- 제어 공학이 어떻게 활용되고 있을까 알고 싶은,
- 회사나 실제사회의 이야기를 듣고 싶은,

등 다방면에 걸쳐있다. 앞으로의 전력전자공학의 강의는 학생의 다양한 취향에 부응해야 한다. 또한, 이 분야에 종사하지 않을 학생이나 기술자도 이해할 수 있는 내용을 강의해야 한다.

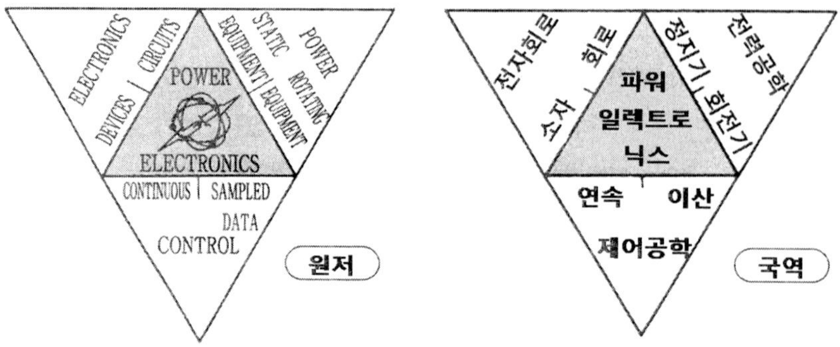

그림 1.1 전력용 전자공학의 정의

1974년, 미국 전기전자학회 산업부문논문지(IEEE Transactions on Industry Applications)의 1/2월호에서 W. E. Newell은 「전력·전자·제어의 경계 영역에서 사이리스터를 중심으로 하는 반도체소자가 주역이 되는 기술 분야를 전력전자공학이라고 부르기로 하자」라고 제언해 그림 1.1과 같은 역삼각형을 보였다.

당시는 전동기의 사이리스터 제어나 교류전동기의 가변속구동이 정착되어 가고 있었던 시기이고, 이 정의는 매우 자연스럽게 받아 들여져 오늘에 이르고 있다. 전력전자, 전기공학의 주요 기둥 「전력·전자·제어」가 융합된 공간으로 자리매김할 수 있고 본 장에서 취급하는 전력장치, 제2장 이후에 취급하는 전력 변환의 기초 이론, 교류전동기의 가변속구동 시스템, 교통 기기의 응용, 전력 분야의 전력전자공학 등이 그 중요한 부분을 차지하고 있다.

반도체 전력변환장치와 전동기, 변압기 등은 전원의 조건에 의해 또한, 부하 측의 요구에 따라 자유로운 조합이 가능하다.

그림 1.2는 전원이 직류인 경우이다. 그림 (a)는 직류 전원으로 직류전동기의 토크나 회전속도를 제어하는 것으로 전원과 부하중간에 초퍼라고 불리는 일종의 직류변압기가 삽입된다. 그 이름에서 알 수 있듯이 직류 전압을 잘라 평균 직류 전압을 낮추는 강압이 일반적이지만 리액터 등의 에너지 축적 장치를 이용하면 직류 전압을 승압할 수도 있다. 이 방식에 속하는 용도로서는 지하철, 교외 전철 등의 직류로 구동되는 전기차가 있고 또, 배터리 전원으로 구동되는 전기 자동차나 테이프 레코더 등도 있다. 초퍼회로에 사용하는 소자는 비교적 대용량에서는 사이리스터 또는 GTO가, 소용량 전동기 때는 파워트랜지스터가 사용된다. 그림 (b)의 방식은 유도기나 동기 전동기 등 교류전동기를 광범위하게 속도 제어하려고 할 때 사용된다.

직류전동기의 회전속도는 전기자전압에 비례하고 토크는 전기자전류에 비례한다. 직류전동기는 정확한 속도 제어를 필요로 하는 용도에 가장 적합하지만, 카본 브러시의 마모 등에 대한 관리가 필요하고 수명에 한계가 있는 반면, 교류전동기는 본래는 가변속구동을 하기 힘들지만, 직류전력을 인버터에 의해서 가변 주파수의 교류로 변환해 교류전동기의 일차 주파수 제어를 실시하면 직류기 같은 수준의 제어를 할 수 있다. 이것은 그림 (b)의 구성에 의해 얻어진다. 그림 (c)의 방식은 직류로부터 직류에 변환하는 이른바 DC-DC 컨버터이다. 이것은 먼저 인버터에 의해서 직류를

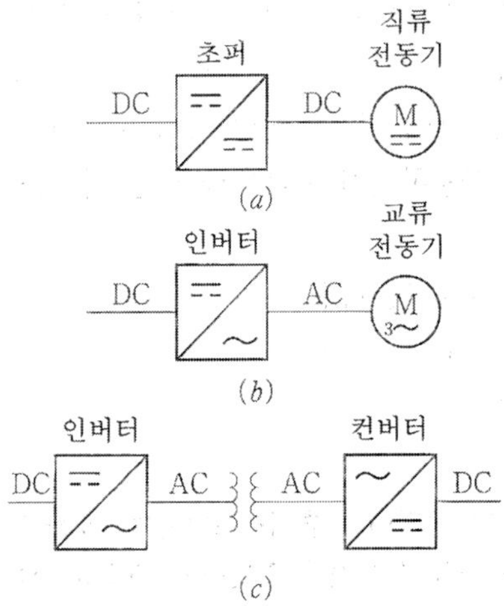

그림 1.2 전력변환장치와 전기기기의 조합(전원이 직류인 경우)

교류로 변환해 변압기에 의해서 임의의 전압으로 바꾸고 컨버터에서 교류를 직류로 정류한다. 변압기 비율은 변압기에 의해서 자유롭게 선택할 수 있고 교류 부분의 주파수를 높게 함으로써 변압기를 작게 할 수 있는 등의 장점이 있다. 용도로는 전동기 구동에 사용되는 경우는 적고, 직류 전원으로 작동하는 기기의 보조 전원으로서 사용되는 경우가 많다.

그림 1.3은 전원이 교류인 경우 전력변환장치와 전기기기와의 조합 방식이다. 그림 (a)는 교류를 컨버터에 의해 가변 전압의 직류로 변환하여 직류전동기의 속도제어를 하는 것으로 사이리스터 레오나드, 또는 정지 레오나드라고 불리는 것이 많다. 이 방식은 워드 레오나드 장치에서의 전동발전기를 사이리스터와 같은 반도체소자를 사용한 전력변환기로 대체한 것이라고 생각할 수 있어 산업용 세어장치나 교류 진기치(치량의 경우는 단상이다) 등에 가장 많이 보급되어 있다. 그림 (b), (c)는 전원의 주파수와 다른 주파수의 교류를 만들어 유도기나 동기 전동기를 구동하는 것이다.

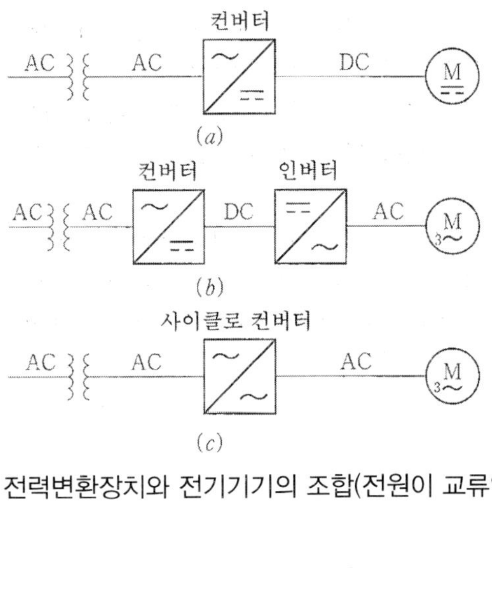

그림 1.3 전력변환장치와 전기기기의 조합(전원이 교류인 경우)

그림 (b)는 컨버터와 인버터를 조합하고 중간에 직류 회로를 가지고 있어 간접식 주파수 변환기라고도 불린다. 이에 대해, 그림 (c)는 직접식 주파수 변환기인 사이크로컨버터를 이용한 구동계이다. 교류전동기의 가변속구동을 할 때, 전력변환장치로서 컨버터와 인버터의 혼합 방식을 사용하는지 사이크로컨버터를 사용하는지는 다음과 같은 사항을 고려해 종합적으로 결정된다.

① 전동기의 속도, 용량

② 전력변환장치의 전압, 전류 및 파형

③ 사용하는 전력 반도체소자

④ 장비의 크기, 무게, 비용

예제 1.1 **가정에서 사용되고 있는 전기제품 중에서, (1) 전력전자공학이 사용되고 있는 것을 알아봐라. (2) 그 전기제품 중의 대표적인 것을 거론하고 원리에 대해 설명하라.**

풀이 (1) 가전기기에 전력전자가 사용되고 있는 것으로서는

- 전력 관련 : 태양광 발전, 조명기구
- 가전 관련 : 세탁기, 청소기, 냉장고
- 조리 기구 : IH쿠킹히터
- 계절 용품 : 에어컨, 선풍기
- AV기기 : 비디오테이프 레코더, CDplayer

등을 들 수 있다. 전력전자공학이 어떻게 사용되고 있는지 각자 생각해 보라.

(2) 대표적인 가전기기

(2-1) 간단한 인버터 에어콘에는「차게 하는, 따뜻하게 하는」것으로부터 에너지 절약을 실행하고 있고 실내기, 실외기에 전력전자가 활약하는 응용분야가 많다. 실내기에서는 청정한 공기를 흡입, 배출하는 팬용 전동기, 실외기에서는 그림 1.4(a)에 나타내는 압축기(컴프레셔)를 구동하기 위한 전동기가 있다. 이러한 전동기는 에너지 절약이라고 하는 관점에서 한 번 정류하여 직류 전원을 만들어 DC-AC 변환을 실시해 브러시리스모터를 구성하는 방식이 취해진다. 용량이 커지면 역률이 내려가는 점도 문제가 되어 역률 개선의 기술도 사용되고 있다.

(2-2) IH쿠킹히터에서는 가열 코일에 20~50 kHz의 고주파 전류를 공급하면 자속은 냄비바닥에 와전류를 생성하고, 이 와전류에 의한 '줄(Joule)열'로 가열한다. 가열 효율이 높고 표피 효과가 작아 고유 저항력이 큰 금속 냄비는 가열하기 쉽다.

그림 (b)와 같이 상용 전원을 정류한 후, 고주파 인버터에 의해서 가열코일에 공급되는 전류를 발생시킨다. 가열 전력은 스위칭 소자의 도통시간을 변화시켜 소전력으로부터 정격 전력까지 선택할 수 있다.

(2-3) 태양광 발전 태양전지 패널을 지붕에 설치해, 그 전력을 실내로 가져와 상용 전원과 병렬로 하여 각종의 전기기구에 공급한다. 그림 (c)는 그 한 예이다. 태양전지는 직류 정전압원 이라고 볼 수 있다. 일사 강도에 의해 전류가 바뀌어 전력이 변화하므로 최대 전력점을 추적하면서 DC-AC 컨버터에 의해 전압·주파수가 상용 전원과 같은 교류를 얻고, 전기기구에 공급한다. 보통의 배전망과 개별적으로 사용할 수도 있고, 태양광 발전 시스템과 배전 계통 사이에서 전력을 교환할 수도 있다.

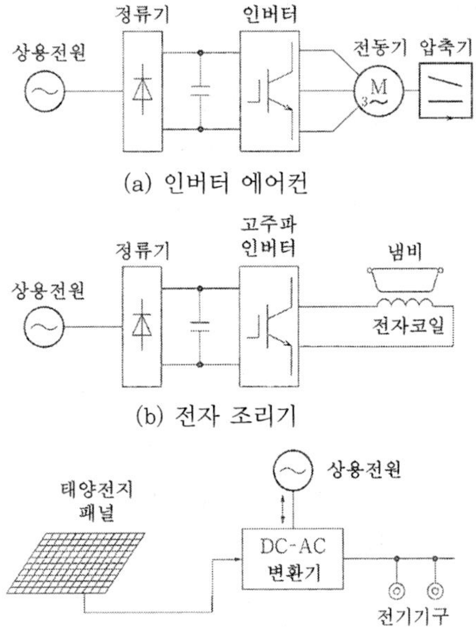

(a) 인버터 에어컨

(b) 전자 조리기

(c) 태양광 발전시스템

그림 1.4 대표적인 가전 기기

1.2 전원 장치

1.2.1 대표적인 전력용 반도체소자

대표적인 전력용 반도체소자는 그림 1.5와 같이 다이오드, 사이리스터, 트랜지스터의 세 가지로 분류된다.

다이오드를 단순한 정류장치로서 사용하는 경우는 특별한 주의를 요하지 않지만, 사이리스터의 전류 보조 회로 등 고속 특성을 필요로 하는 경우는 축적 캐리어 회복 특성이 빠른 고속용 다이오드가 사용된다.

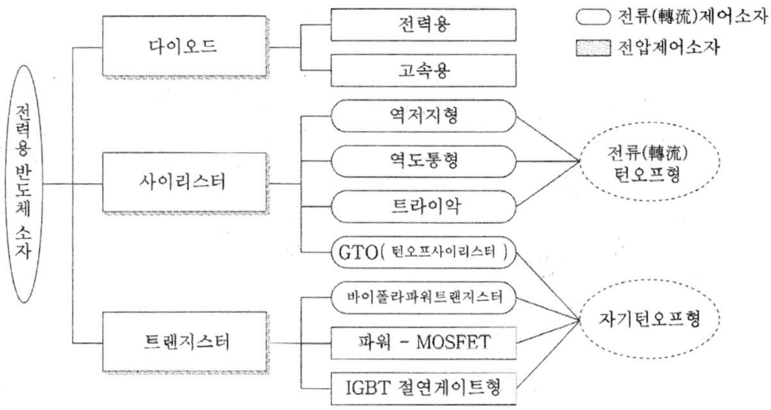

그림 1.5 전력용 반도체소자의 분류

사이리스터는 전력전자공학에 있어서 기본이 되는 소자 중 하나이며, 사이리스터의 역사는 전력전자공학의 역사라고 해도 과언이 아니다. 기능상으로 분류하면 음극(애노드), 양극(캐소드)에 역전압을 인가해 턴오프시키는 전류(轉流)턴오프형과 게이트에 역전류를 흘리는 것만으로 턴오프할 수 있는 자기턴오프형으로 나눌 수 있다. 전자에 속하는 것으로는 일반 전력 제어에 사용되는 역저지형, 음극으로부터 양극 방향으로 다이오드 특성을 포함하고 있는 역도통형, 하나의 게이트 단자에 의해서 양방향 전류 위상을 제어할 수 있는 트라이악 등이 있다. 자기턴오프형 소자 GTO가 실용된 것은 역저지형 사이리스터에 비해 새로우며, 사이리스터의 강제 전류(轉流) 대신에 적극적으로 사용되고 있다.

트랜지스터는 기능적으로 보면 자기턴오프형이며, 바이폴라 파워트랜지스터도 기본 소자의 하나이다. 파워 MOSFET은 낮은 제어 전력으로 100 kHz 이상의 고속 동작이 가능하지만, 고내압화하면 온 저항이 증대하기 때문에 소용량의 용도로 한정된다. 그러나 최근에는 MOSFET의 고속 스위칭 특성을 유지하고 바이폴라 파워트랜지스터의 고압, 대전류 특성을 가지는 절연 게이트형 트랜지스터(IGBT)가 많이 사용되게 되었다.

1.2.2 사이리스터

실리콘 제어 정류 소자는 사이러트론(Thyratron)과 같은 특성을 가지는 반도체소자로서 1958년에 미국 GE 사에서 개발되었다. 처음에 SCR로 불렸지만, 국제전기표준회의(IEC)에서는 사이리스터를 채용하였다. 현재는 정격 평균 순방향 전류가 수 A의 소형의 소자에서 수천 A 정도의 대형의 소자에 이르기까지 다양한 등급이 제작되고 있고, 스위치용 혹은 정류용으로서 널리 사용되고 있다.

1. 구조 사이리스터의 단면도 및 기호를 그림 1.6에 나타낸다. 고순도의 n형 Si단결정의 박편을 모재로, 이것에 p형 불순물을 확산시켜 pnp 구조로 하고, 또한 한 쪽의 p층에 확산법 또는 합금법에 의해 n형의 층을 만든다.

중간의 p층에 게이트라고 칭하는 제어극을 접착하여 양극 및 음극을 땜납으로 붙여 케이스 중에 봉입한 것이다. 케이스에는 스탠드형과 평면형이 있다.

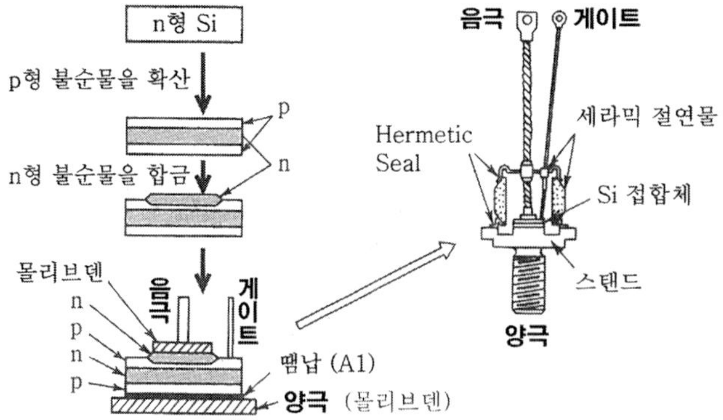

(a) 제법 및 단면

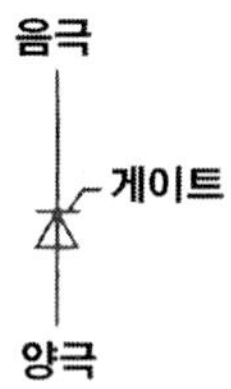

(b) 기호

그림 1.6 사이리스터의 구조 및 기호

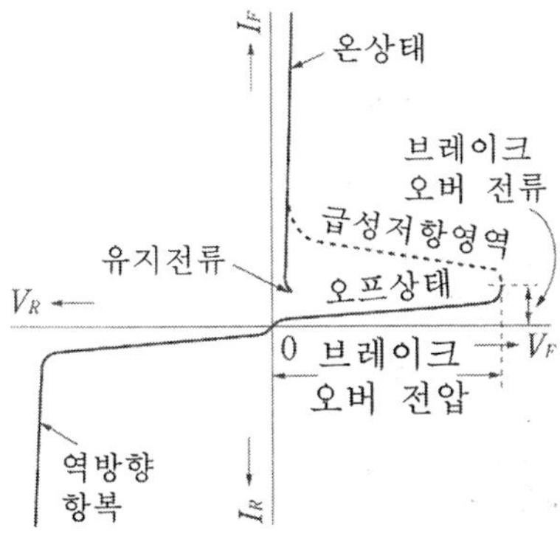

그림 1.7 사이리스터의 특성
(게이트 전류가 0인 경우)

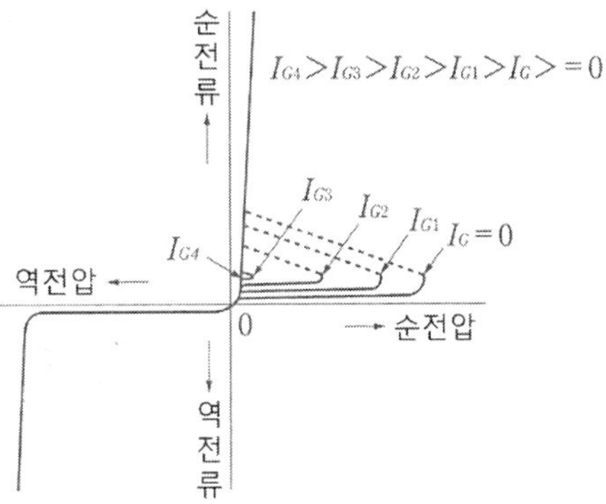

그림 1.8 게이트 전류를 바꾸었을
경우의 사이리스터의 특성

2. 특성 게이트에 전류가 흐르지 않으면, 사이리스터는 순방향으로 전압이 가해져도 전류가 흐르지 않고 오프 상태를 나타낸다. 그러나 더욱 전압을 높이면 그림 1.7과 같이 전류가 급격하게 흐른다. 전압이 브레이크오버 전압에 이르면, 갑자기 (−)저항 특성을 나타내 온 상태가 된다. 오프 상태에서 온 상태로 옮기는 것을 턴온이라고 한다. 한 번 온 상태가 되면 게이트는 제어 능력을 잃어 전류는 외부 회로만으로 제한된다.

사이리스터를 온 상태로부터 오프 상태로 옮기려면 전류를 유지 전류라고 불리는 일정치 이하로 내려야 한다. 게이트에 순방향 전류를 흘리면 그림 1.8과 같이 브레이크오버 전압 값은 점차 내려가고, 게이트 전류가 충분히 커지면 보통 다이오드의 순방향과 같은 특성을 보인다. ON 상태에 있어서의 순방향 전압 강하는 다이오드보다 약간 큰 값이 된다. 또, 역방향의 특성은 그림과 같이 보통 다이오드와 거의 동일하다.

3. 동작 기구 사이리스터의 순방향 특성에 나타나는 스위칭 현상을 이해하기 위해서는 중앙의 p, n경계에 주목할 필요가 있다.

그림 1.9에 2 트랜지스터에 의한 사이리스터의 등가회로를 보여준다. 그림의 기호는 다음의 의미를 가지고,

I : 양극으로 유입하는 전류

I_G : 게이트에 유입하는 전류

I_0 : n_1p_2 다이오드만을 고려한 접합 J_2 고유의 누설 전류

α_1 : 접합 J_1으로 주입된 정공에 의해서 흐르는 전류 가운데, 접합 J_2에 이르는 정공 전류의 비($p_1n_1p_2$ 트랜지스터의 전류 증폭률)

α_2 : 접합 J_3로 주입된 전자에 의해서 옮겨지는 전류 가운데, 접합 J_2에 이르는 전자 전류의 비($n_1p_2n_2$ 트랜지스터의 전류 증폭률)

M : 접합 J_2에 있어서의 전류 증배율(여기에서는 간단히 하기 위해, 정공과 전자에 대한 값이 동일하다고 가정)

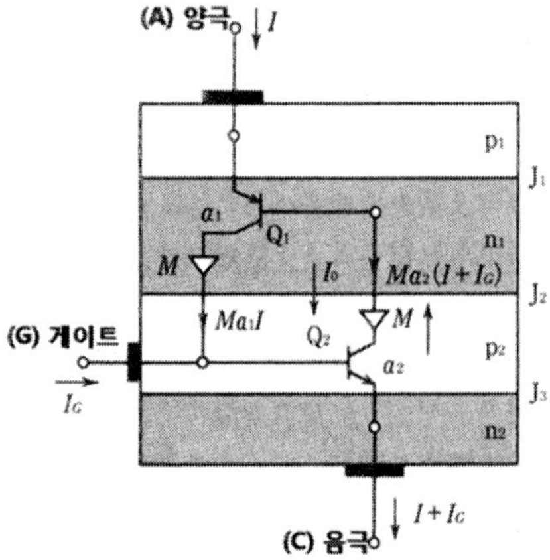

그림 1.9 트랜지스터에 의한 등가회로

접합 J_2에는 3종류의 전류가 흐르고 있다. 하나는, 접합에서 주입된 정공에 기인하는 것으로 $M\alpha_1 I$가 된다. 다른 하나는 접합 J_3로 주입된 전자에 기인하는 것으로 $M\alpha_2(I+I_G)$가 된다. 이 밖에 누설 전류 I_0가 흐르고 아래식이 성립한다.

$$I = I_0 + M\alpha_1 I + M\alpha_2(I+I_G) \tag{1.1}$$

$$I = \frac{I_0 + M\alpha_2 I_G}{1 - M(\alpha_1 + \alpha_2)} \tag{1.2}$$

식 (1.2)에서 ON 상태는 분모가 0에 가까워져 전류가 매우 크게 흐르고, OFF 상태는 분모가 별로 감소하지 않고 분자와 같은 정도의 전류가 흐르고 있는 상태이다.

게이트 전류를 흘리지 않고 순전압을 차츰 올려가는 경우를 생각하면, 처음은 세 개의 접합 중 J_1과 J_3가 순바이어스가 되고 J_2는 역바이어스가 되기 때문에 대부분의 전압이 J_2에 걸리게 된다. 전압이 낮은 동안은 M=1이지만 전압이 상승하면 접합 J_2로 전자사태 현상이 일어나 증배율 M이 증가하므로, 식 (1.2)의 분모가 0에 가까워지고 브레이크오버가 일어난다. 브레이크오버가 일어나면 전압이 떨어져 M=1에 가까워진다. 그러나 전류가 증가하면 α_1과 α_2가 증가해 $\alpha_1+\alpha_2 \geq 1$로 되어 온 상태가 유지된다. 게이트에 전류를 흘릴 때는 전압을 올리지 않아도 $\alpha_1+\alpha_2 \geq 1$이 되어 턴온한다. 사이리스터가 온 상태로부터 오프 상태로 옮기는 것을 턴오프라고 하지만 이것은 전류가 유지 전류 이하가 되거나 또는 역전압이 가해지고 $\alpha_1+\alpha_2 < 1$이 될 때 일어난다.

4. 턴온 시간 식 (1.2)에서 분모를 0으로 접근시키는 물리적 수단이 점호법이며, 게이트에 전류를 흘리는 방법이 가장 일반적으로 이용된다. 오프 상태에서 게이트 전류를 흘리면 어느 시간 지연이 있고, 그 후 양극 전압이 감소해 온 상태로 전환한다. 게이트에 신호가 들어가 양극 전압이 감소하기 시작할 때까지의 시간을 지연 시간이라고 하며, 양극 전압이 감소하는 시간을 전류상승 시간이라고 한다. 또, 양자의 합을 턴온 시간이라고 한다.

온 상태에 있어서의 전압강하는, 접합 J_1, J_3에서 전압강하로부터 J_2의 전위의 기울기가 감소하기 때문에 다이오드 1개분에 해당한다.

5. 턴오프 시간 온 상태의 사이리스터에 역전압을 가했을 경우, 순전류가 0이 된 순간부터 순방향 저지 능력(브레이크오버 전압보다 낮은 전압을 가해도 온 상태가 되지 않는 특성)을 회복할 때까지의 시간을 턴오프 시간이라고 한다. 그림 1.9에 역전압을 인가하면 불순물 농도가 높아져 항복 전압이 가장 낮은 접합 J_3의 역전압이 회복된다. 그 다음에 J_1이 역전압을 회복하고, J_1과 J_3가 역전압을 받아 외부 전류는 급속히 감소해 0이 된다. 순방향 바이어스 되고 있는 접합 J_2에서는, 정공과 전자의 재결합에 의해서 제어 능력을 회복한다. 이것이 턴오프의 과정이며 역전압을 인가하고 나서 다시 제어 능력을 회복할 때까지의 시간이 턴오프 시간이다.

1.2.3 바이폴러 파워트랜지스터

1. 구조 스위칭 소자로서는 고전압화와 함께 전류 증폭률이 높을 것, 온 전압이 낮고 정상 손실이 작을 것, 유도 부하를 사용할 때 충분히 넓은 안전 동작 영역을 가질 것 등이 매우 중요하다. 그림 1.10과 같은 접합 구조의 트랜지스터에 대해서는 콜렉터 측에 n층(불순물 농도가 낮은 n형 반도체)의 높은 비저항 층을 도입하여 링 등의 표면 처리를 함으로써 고전압화가 달성된다. 이미터는 돌출한 다수의 섬 모양으로 형성되어 그 위에 평판이 가압 접촉되어 각 이미터가 병렬 연결된다. 이 트랜지스터에서는 베이스 전극과 이미터 전극이 함께 있는 구조로 하기 때문에 페레트 치수는 증가하는 경향이 있지만 베이스 전류가 확산하는 시간 지연을 줄여 콜렉터 전류가 이미터에 균일하게 전류가 분류된다. 소용량 디바이스의 병렬 접속과 비슷한 구조로 되어 전류가 국부적으로 집중하는 것을 없애고 안전 동작 영역을 넓힐 수 있는 효과도 있다.

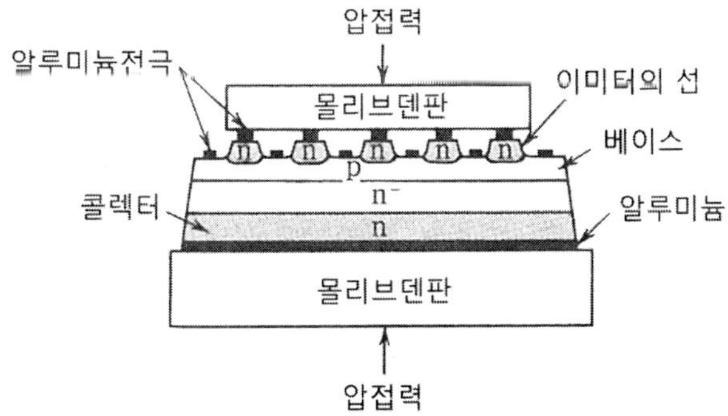

(a) 구조

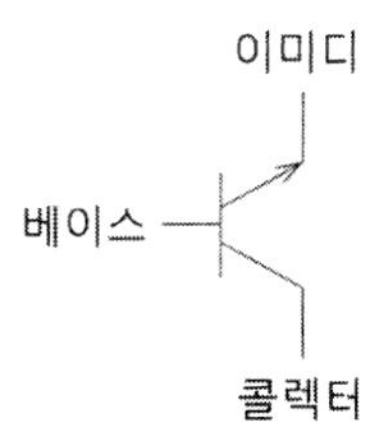

(b) 기호

그림 1.10 압접형 트랜지스터의 구조와 기호

2. 유도성 부하에서의 턴오프 특성 그림 1.11은 트랜지스터의 콜렉터 전류 I_c와 이미터-콜렉터 사이 전압 V_{CE}의 관계를 나타내는 특성 곡선이다. 대전류를 취급하는 용도에서는 콜렉터 손실을 작게 하는 의미로부터 온 또는 오프의 2점을 잡아 스위칭 동작을 실시하는 것이 보통이다. 베이스 전류 I_{B4}를 주어 온 상태에 있을 때, $I_{B4} \Rightarrow 0$으로 하여 오프시키는 경우를 생각해 보자.

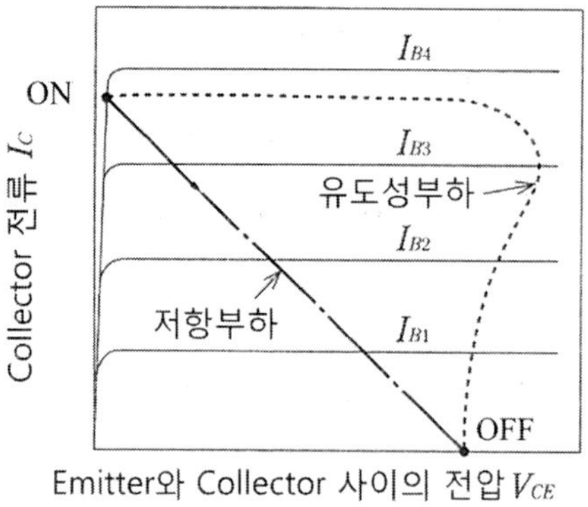

그림 1.11 $I_c - V_{CE}$ 특성

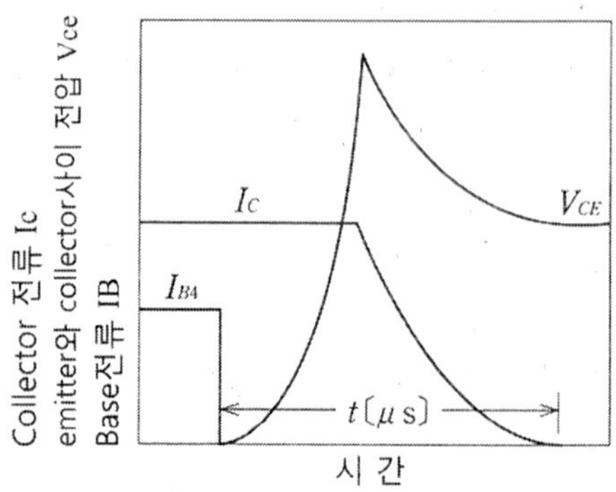

그림 1.12 유도성 부하에 있어서의 턴오프 특성

부하가 저항일 경우는, 그림의 일점 쇄선으로 나타내듯이 거의 직선적으로 오프 상태로 이행된다. 그러나 유도성 부하 때는 점선으로 표시된 것처럼 전류 I_{B4}를 0으로 해도 인덕턴스에 축적되어진 에너지에 의해서 콜렉터 전류 I_c는 계속해 흐른다.

이미터-콜렉터 사이 전압 V_{CE}는 점차 상승하고 인덕턴스의 에너지를 트랜지스터가 소비함으로써 콜렉터 전류 I_c는 감소하여 마침내 0이 된다. 이 턴오프 과정 t[㎲]에서의 $I_c - V_{CE}$ 특성은 그림 1.12와 같이 되어 단시간이지만, 과도기적인 손실 $V_{CE} \cdot I_c \cdot t$[J]는 큰 값이 된다. 과도시의 콜렉터 손실을 줄이는 스너버 회로가 필수적이다.

3. 안전 동작 영역 턴오프 과정에 발생하는 콜렉터 손실은 전류의 국부적인 집중을 만들어 2차 항복이 일어나 페레트가 국부적으로 녹는 파괴 현상이 자주 발생한다. 이 2차 항복에 대한 트랜지스터의 파괴 내력을 나타내는 특성이 안전 동작 영역(SOA)이다. 그림 1.13에 안전 동작 영역의 일례로서 최대정격 600 V-200 A의 트랜지스터에 대한 특성을 나타낸다.

콜렉터 전류 I_c와 이미터-콜렉터 사이 전압 V_{CE}가 공존하는 기간이 길면 길수록 안전 동작 영역이 좁고, 전압이 높고 허용 콜렉터 전류가 작아지는 경향을 나타내었다.

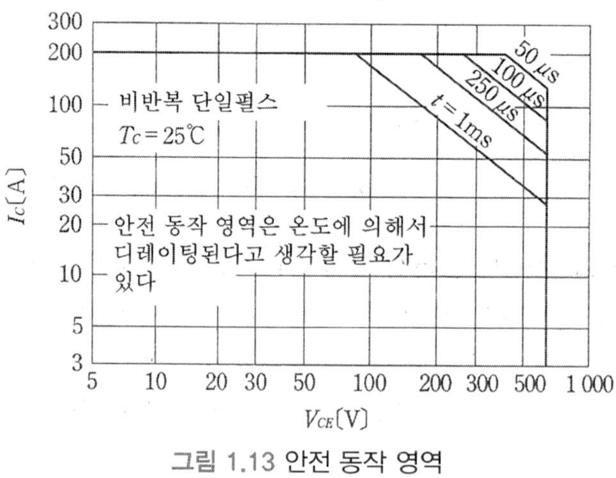

그림 1.13 안전 동작 영역

1.2.4 턴오프 사이리스터

게이트 턴오프 사이리스터(GTO)의 원리는 일찍부터 알려져 있었음에도 불구하고, 디자인 방법과 프로세스 기술이 미숙하였기 때문에 전력용 반도체소자로서의 발전이 늦었다. 1970년대 후반에, 일본의 메이커가 중심이 되어 트랜지스터의 대용량화 기술을 살려 GTO의 대전력화를 적극적으로 진행시켰다.

1. 구조 GTO는 역저지형 사이리스터와 마찬가지로 pnpn의 4층 구조를 가지는 소자이며, 그 동작 원리는 pnp 트랜지스터와 npn 트랜지스터 두 개의 트랜지스터가 정궤환 접속된 등가회로로 설명할 수 있다. GTO의 기본 구조를 그림 1.14에 나타내었다. 그림 1.10의 트랜지스터에 비하면 콜렉터의 n층을 양극 p층에 옮겨놓은 구조로 되어 있다.

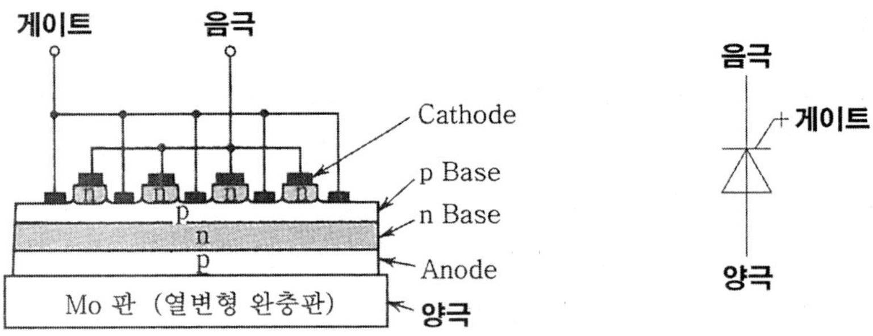

(a) 구조 (b) 기호

그림 1.14 GTO의 단면도와 기호

사이리스터는 게이트 신호에 의해 일단 온 상태로 하면 온 전류를 유지 전류 이하의 낮은 전류로 낮추거나 외부 회로에 의해 전류를 반전시키지 않으면 턴오프 할 수 없지만, GTO는 게이트에 역전류를 흘림으로써 턴오프 시킬 수 있는 이른바 자기턴오프 기능을 가진, 즉 게이트 역전류에 의해서 pnp 트랜지스터 또는 npn 트랜지스터의 전류 증폭률을 온 상태로 유지할 수 없게 되는 한계까지 저하시킴으로써 GTO를 오프 상태로 바꾸는 것이다. 일반적으로는 pnp 트랜지스터의 전류 증폭률 α_1을 통상의 사이리스터와 비교해 작게 하고, npn 트랜지스터의 전류 증폭률 α_2를 크게 하는 방법이 채용되고 있다.

GTO의 대전력화에 기여해 온 대표적인 기본 기술로서 세그먼트(segment)로 불리는 작은 단위 GTO를 다수의 개수로 병렬 접속한 균일한 구조가 되어 있는 점을 들 수 있다. 대구경, 즉 대용량이 되는 만큼 모든 세그먼트를 균일하게 동작시키는 것이 극히 중요하고, 그 때문에 실리콘 및 열완충판(M_o 판 등)을 압착만으로 접촉시키는 구조를 사용하고 있다.

2. 턴오프 특성 턴온 특성은 그림 1.15에 나타내는 게이트 전류 파형으로부터 알 수 있는 바와 같이 역저지형 사이리스터와 같다. 턴오프 시에는 음의 게이트 전류를 준다. GTO를 가능한 빠르게 턴오프 시키기 위해서는 GTO의 베이스 층에 축적된 정공·전자의 과잉 캐리어를 재빠르게 외부로 빼낼 수 있는 것이 필요하다. 그림 1.15에 나타나듯이 급격히 큰 음의 게이트 전류를 흘리는 것은 그 때문이다.

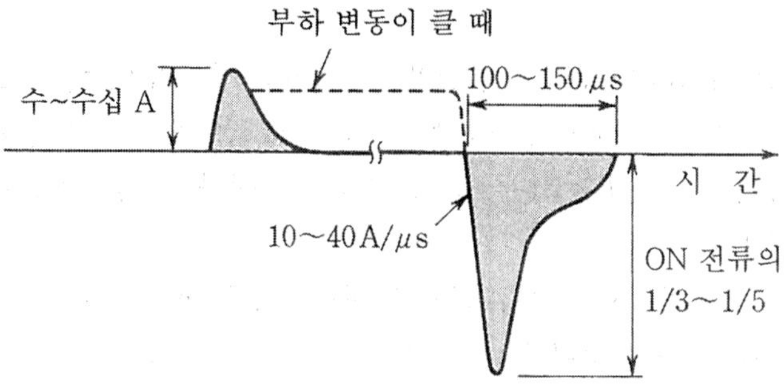

그림 1.15 게이트 전류 파형

1.2.5 파워 MOSFET와 IGBT

1. 구조 파워 MOSFET의 기본 구조는 그림 1.16(a)에 나타내었듯이 온 전류를 드레인(drain)에 대해서 세로 방향에 흘리는 구성이 일반적이다. 파워 MOSFET의 온 저항의 이론적 한계는 그림에서 고저항 n층의 큰 저항(벌크 저항) R_B로 결정된다. 실제의 온 저항은 벌크 저항 R_B에 채널부분 저항 R_{ch}가 더해진다. 따라서 게이트, 소스의 패턴을 미세화하고, 칩 내의 채널 점유율을 올려 R_{ch}를 작게 하면 온 저항은 이론적 한계에 가까워진다. 이 의미로 파워 MOSFET에서는

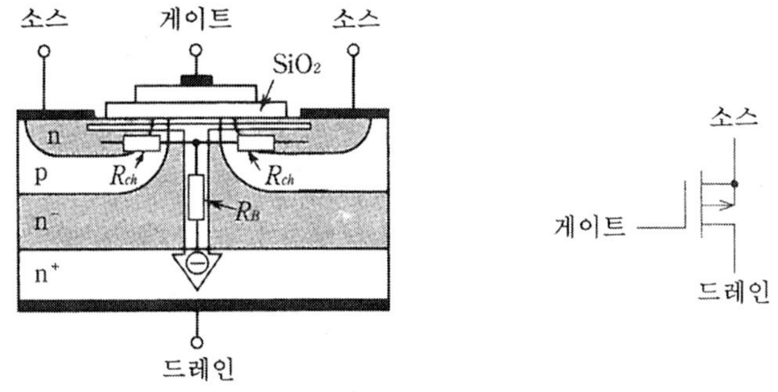

(a) 파워 MOSFET

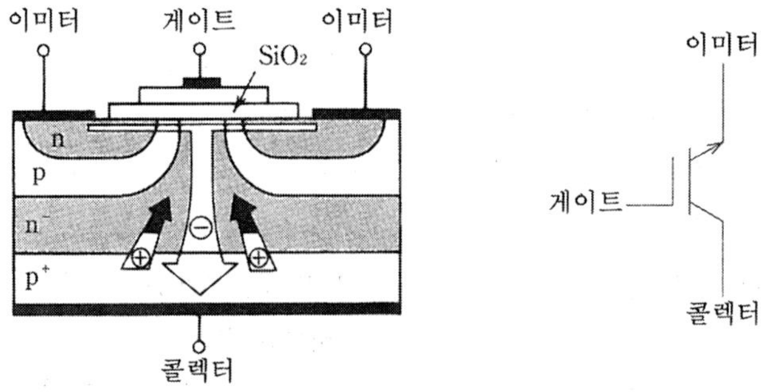

(b) IGBT

그림 1.16 파워 MOSFET 및 IGBT의 기본 구조와 기호

미세 가공 기술이 중요한 의미를 가지고 있어 GTO나 파워트랜지스터 이상의 미세한 설계, 가공을 이용해서 제공하고 있다. 그러나 내압이 1,000 V를 넘으면 온 저항은 벌크 저항이 지배적이고, 디자인을 미세화해서 온 저항을 낮추는 것은 곤란하게 된다.

고내압화하면 온 저항이 급증하는 파워 MOSFET의 약점을 극복하기 위해서, 절연 게이트형 트랜지스터(IGBT)가 개발되었다. 그림 (b)가 그 구조이며 드레인 측의 기판이 n^+가 아니라 p^+인 것을 제외하면 그림 (a)의 파워 MOSFET와 기본적으로는 같은 구조이다. 게이트에 양의 전압을 인가하면 이미터로부터 n^-층에 전자 전류가 유입해 거기에 따라 p^+의 콜렉터 측으로부터 정공 전류가 주입되어 n^-층에 캐리어가 축적된다. 파워 MOSFET의 온 저항 중 큰 부분을 차지하고 있는 높은 저항층 n의 도전율이 커져, 내부 저항이 큰 폭으로 저하한다. IGBT는 트랜지스터의 대전류 특성과 MOSFET의 고속성을 겸비한 소자이다.

2. 특성 그림 1.17은 파워 MOSFET의 정특성이며, 가로축에 소스-드레인 간 전압 V_{DS}, 세로축에 드레인 전류를 나타내었다.

그림 1.11의 바이폴러 파워트랜지스터의 특성과 유사한 특성이지만, 입력 임피던스가 높은 전압에 의해서 동작하므로 파라미터가 소스 게이트 간 전압 V_{GS1}, V_{GS2}, …가 되어 있는 것이 특징이다.

파워 MOSFET의 특성으로 주목해야 할 것은 바이폴라 파워트랜지스터에 비해 스위칭 손실이 작게 동작하여 주파수를 1자리 수 이상 높일 수 있다. 또한, 고전압 영역에서 안전 동작 영역이 좁게 안 되는 것 등이다.

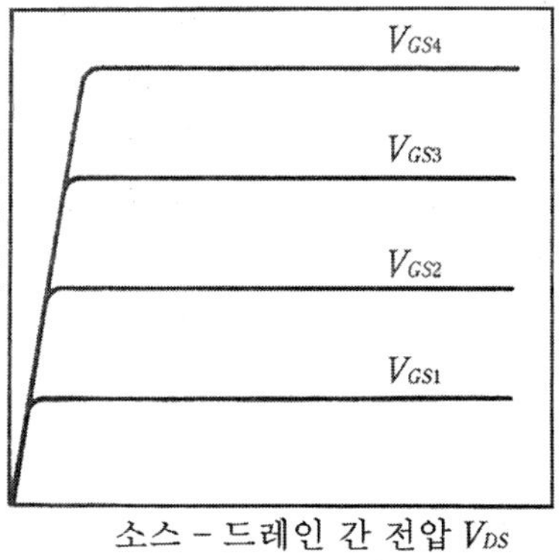

그림 1.17 파워 MOSFET의 정특성

예제 1.2 그림 1.5에 대해 전력용 반도체소자를 (1) 전류턴오프형과 (2) 자기턴오프형으로 나누고 있는데, 이 차이는 무엇인가? (3) 사용상의 유의점을 말하라.

풀이 (1) **전류턴오프 동작** : 다이오드는 사이리스터와 같이 전류의 점호제어는 할 수 없지만, 턴오프 동작은 사이리스터와 같이 전류(轉流)턴오프를 반복하면서 정류 동작을 해 나간다.

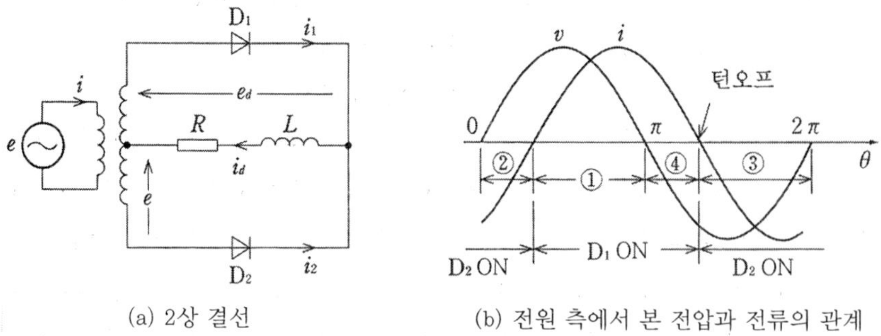

그림 1.18 정류 동작의 설명

전류(轉流)턴오프 동작은, 예를 들어 그림 1.18(a)과 같이 단상 전원과 중간 탭을 가지는 2차 코일에 연결된 2상 결선의 정류회로에서 이루어진다. 부하로서 직류 측에 $L-R$ 회로를 가지고 있다. 동작은 직류전류 i_1, i_2에 따라 다이오드 D_1, D_2가 교대로 온 한다. 전원 측에서 본 전압과 전류의 관계를 그림 (b)에 나타낸다. 영역 ①에서는 다이오드 D_1이 도통해 전류 i_1이 흐르고 있어, 전압이 반전해도 리액터 L에 저장된 에너지에 의해 i_1은 계속 흐른다. 전류 i_1이 0이 되었을 때, 다이오드 D_2가 온이 되어 다이오드 D_1에 역전압이 인가되어 D_1은 턴오프한다. 다이오드 D_1에 역전압이 인가되면, 소자의 pn접합이 역바이어스 되어 공핍층이 넓어지고 전자 전류도 정공 전류도 흐르지 않게 된다. 여기서 다이오드 D_1은 역저지 기능을 회복한다. **이것이 전류턴오프 동작이다.** 전류는 전원 전압에 의해서 감쇄되어 턴오프 전환되기 때문에, 전압과 전류의 가파른 변화를 수반하지 않는 것이 장점이다.

(2) **자기턴오프 동작** : 자기턴오프 가능한 소자인 트랜지스터나 GTO는, 큰 전류가 흐르고 있는 소자를 베이스 전류 또는 게이트 전류로 강제적으로 온 상태로부터 오프 상태에 만들 수 있다. 간편한 턴오프는 할 수 있는 반면, 인덕턴스를 포함한 주요 회로 전류를 강제적으로 차단하기 위해 과대한 전압 서지에 대해서 안전 동작 영역을 넘지 않는지, 전압의 허용치를 넘지 않는지에 대한 특별한 배려가 필요하다. 여기에 스너버 회로로 불리는 보호 회로가 도입된다.

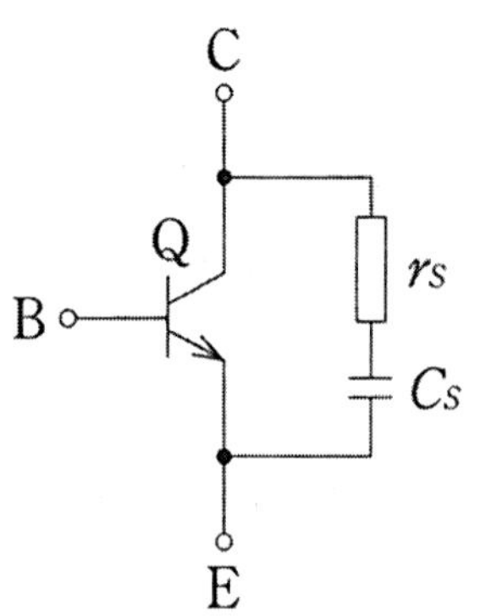

그림 1.19 트랜지스터에 있어서의 서지 억제 회로

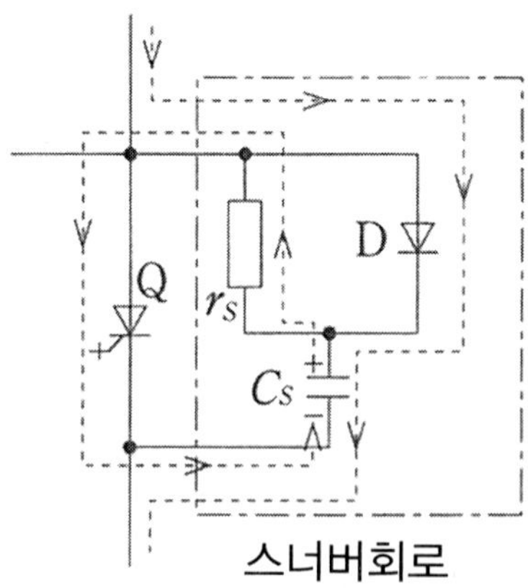

그림 1.20 GTO 스너버회로의 예

(3) 사용상의 유의점 : 그림 1.19는 트랜지스터를 차단할 때 발생하는 전압 서지를 억제하는 회로이다. 소자 Q를 오프로 하면, 흐르고 있던 전류의 갈 곳이 없어져 전류의 급변은 그림 1.11, 1.12에 나타낸 것 같은 전압 서지를 발생하려고 한다. 이 짧은 시간에 발생하는 과대한 전압은 그림 1.13의 안전 동작 영역(SOA)을 위협하게 되므로, r_s와 C_s를 적당하게 선택해야 한다. 그림 1.20은 GTO의 스너버 회로의 예이다. 회로 전류가 커지면 각 부분의 회로 유도계수의 에너지 처리에도 신경 쓸 필요가 있다. GTO에도 트랜지스터와 같은 안전 동작 영역이 있어 턴오프 시의 전류 처리가 중요하다. 그림의 방식에서는 턴오프 시에 주회로의 전류는 다이오드 D를 통해 흘러, 이 기간에 턴오프 사이리스터 Q는 저지 능력을 회복한다. 콘덴서에는 에너지가 충전되지만 Q가 다음에 온으로 할 때, $C_s \rightarrow r_s \rightarrow$Q의 경로에서 전류가 흘러 에너지는 r_s로 소비된다.

예제 1.3 반도체의 회로설계에서는 디레이팅(de-rating)이라고 하는 용어가 자주 사용된다. 그 의미를 설명하라.

풀이 트랜지스터 등을 이용하고 회로설계를 실시하는 경우, 카탈로그 표시의 최대정격으로부터 적당한 방열 조건을 설정함으로써 전압, 전류, 전력(접합 온도)도 최대정격으로 설계할 수 있으나, 신뢰도를 생각해 디레이팅(정격치의 저감)하여 사용하는 것이 보통이다. 전력 변환기 등 스위칭 회로에 사용하는 경우의 전력 손실량은 전압, 전류, 전력(접합 온도)을 디레이팅함과 동시에 온 기간과 오프 기간의 평균 손실로 결정된다.

예제 1.4 사이리스터의 전기적 특성을 나타내는 정격에 대하여 다음의 용어를 설명하라.

(1) 임계 온 전류 상승률 di/dt

(2) 임계 오프 전압 상승률 dv/dt

풀이 (1) 지정된 온도, 게이트 바이어스 및 온 전압 하에서, 소자가 턴온 할 때의 전류상승 시에 최대 허용 전류의 상승률이다.

(2) 지정된 온도 하에서, 소자가 턴오프 할 때의 전류 하강 시에 오프 전압이 상승해 나가지만, 이때의 최대 허용 전압의 상승률이다.

사이리스터에 의한 정류와 전력회생

이 장의 목적

1. 종래의 워드·레오나드 방식의 원리를 복습하고 정지 레오나드(사이리스터 레오나드) 방식의 기본을 이해한다.
2. 정류회로는 제어 지연각 α를 바꾸어 그 출력전압을 제어하는 것을 이해한다. 또한, α가 주어졌을 때 그 직류 출력전압·전류 파형을 그릴 수 있도록 한다.
3. 정류회로에 의해 전력회생을 실시할 때는 제어 진행각 β를 조작하여 행해지는 것을 설명할 수 있도록 한다.
4. 전원 전류(轉流)를 실시할 때 α제어 영역 및 β제어 영역에서의 사이리스터의 전류(轉流) 조건을 이해한다.
5. 중복각 u등 정류회로의 특성을 계산할 수 있도록 한다.

직류발전기를 이용해 직류 전압을 발생시켜 직류전동기를 구동하는 시스템은 워드·레오나드 방식으로 불렸지만 최근에는 사이리스터를 이용한 정지 레오나드 방식이 일반적이다. 우선 양자의 등가성에 대해서 생각한다.

워드·레오나드 방식은 그림 2.1에 나타내었듯이 3상 유도전동기에 의해서 직류발전기 G를 구동해 그 출력전압을 제어 대상인 직류전동기에 공급한다.

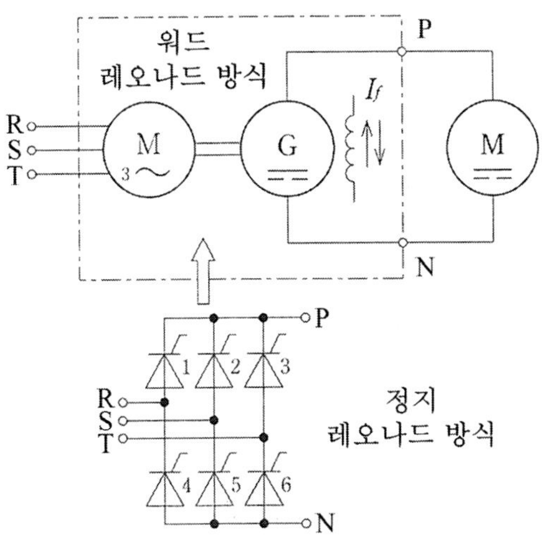

그림 2.1 워드 레오나드 방식과 정지 레오나드 방식

그림에서는 직류전동기의 계자권선은 나타내지 않았다. 직류전동기의 회전수는 전동기의 전기자 전압(즉, 발전기의 출력전압)으로 정해지고, 토크는 전기자 전류에 의해서 정해진다.

전동기의 다양한 부하 조건에 따라 발전기의 계자 전류 I_f를 연속적으로 조정하면서, 직류전동기의 회전수와 토크가 자동적으로 제어된다. 필요에 따라 직류전동기의 잉여 에너지를 유도전동기를 통하여 교류 전원에 회생할 수도 있다. 이 경우 직류전동기 M은 발전기로, 직류발전기 G는 전동기로, 유도기는 유도발전기로 기능이 바뀐다.

정지 레오나드는 3상 유도전동기와 직류발전기로 구성된 부분을 사이리스터 6개로 구성되는 3상 정류회로로 바꾼 것이다. 정류회로의 교류 측은 3상으로 전압 일정, 출력 측은 직류이며 직류 출력전압을 변화시킬 수 있다. 직류 출력전압을 변화시키려면 사이리스터의 점호위상(전원 전압에 대한 게이트 전류의 위상)을 조정한다.

2.1 사이리스터 점호제어와 리액터의 작용

1. 단상 반파 정류회로 사이리스터를 이용한 정류회로는 제어 지연각 α를 바꿈으로써 직류 전압을 가변할 수 있다. 정류회로는 순변환 장치라고도 불린다. 단상 반파 정류회로는 전력 변환용으로서는 소용량의 용도로 한정되지만, 다른 장치 해석의 기본이 될 뿐만 아니라 정류회로의 특성을 이해하는 데 도움이 되므로 우선 이것에 대해 설명한다.

그림 2.2(a)는 유도성 부하 단상 반파 정류회로로 전원 전압의 위상각 α의 순간에 사이리스터 T를 통전시키는 경우를 생각해보자. 위상각의 기준 $\alpha = 0$은 무제어와 같은 위상으로 게이트 전류를 주는 것이며 정류 다이오드와 같은 동작이 된다. 여기서, R은 역기전력을 가지지 않는 부하를 의미하고 L은 부하가 가지는 인덕턴스 성분을 나타낸다.

통전 중의 회로 방정식은 위상각 θ를 변수로서 다음 식에서 주어진다.

$$Ri_d + X\frac{di_d}{d\theta} = (\sqrt{2}\,E\sin\theta)u(\theta - \alpha) \tag{2.1}$$

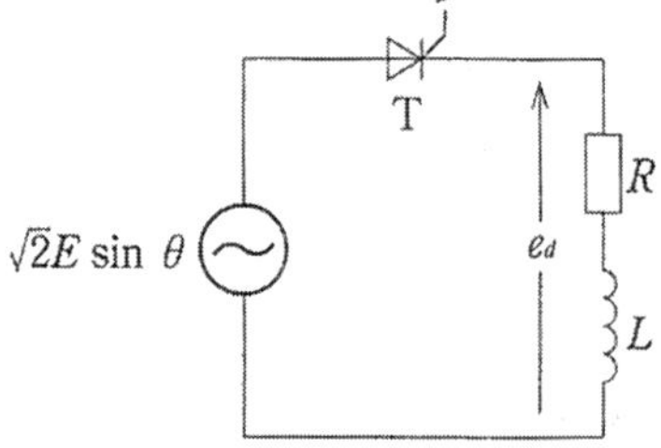

(a) 회로도

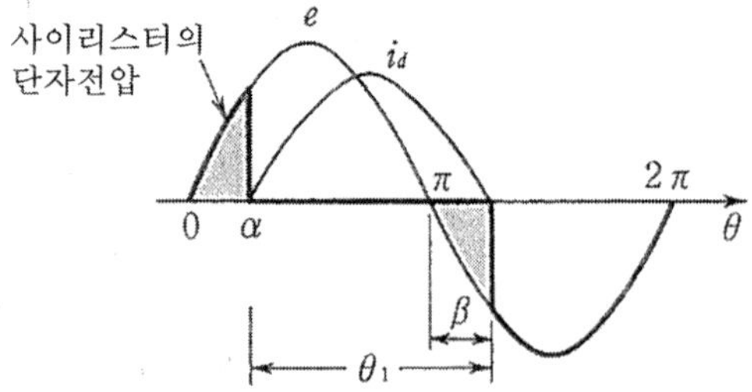

(b) 전압 전류 파형

그림 2.2 단상반파 정류회로

여기서, $u(\theta-\alpha)$는 위상각 α만큼 지연된 단위 함수이며, 시간적으로는 $\omega\tau=\alpha$로 정해지는 시간 τ만큼 늦은 단위 함수이다. 초기조건으로서 $\theta=\alpha$일 때, $i_d=0$으로 하면 다음의 해를 얻을 수 있다.

$$\left.\begin{aligned} i_d &= \frac{\sqrt{2}E}{\sqrt{R^2+X^2}}\left[\sin(\theta-\phi)-\exp\left\{-\frac{R}{X}(\theta-\phi)\right\}\sin(\alpha-\phi)\right] \\ &\text{여기서 } X=\mathrm{j}\omega L,\ \phi=\tan^{-1}\frac{X}{R} \end{aligned}\right\} \tag{2.2}$$

전류 i_d는 θ_1의 기간 동안 도통하고, $\theta=\pi+\beta$의 시점에서 0이 되어 사이리스터는 오프가 된다. 오프의 시점에서 사이리스터에는 $\sqrt{2}E\sin\beta$의 전압이 역방향으로 인가된다. 이를 역바이어스 전압이라고 한다.

예제 2.1 (1) 식 (2.1)을 풀어, 식 (2.2)를 유도하시오.
(2) 직류 전류 i_d의 평균치 I_d를 계산하라.

풀이 (1) 위상각 θ는 $\theta=\omega t$이므로, t영역에 옮겨놓아 정리하면

$$Ri_d+L\frac{di_d}{dt}=\sqrt{2}E\{\sin\omega(t-\tau)\cos\omega\tau+\cos\omega(t-\tau)\sin\omega\tau\}u(t-\tau)$$

이것을 라플라스 변환하면

$$(R+Ls)I_d(s)=\sqrt{2}E\left\{\frac{\omega}{s^2+\omega^2}\cos\omega\tau+\frac{s}{s^2+\omega^2}\sin\omega\tau\right\}e^{-\tau s} \tag{2.3}$$

$$\therefore I_d=\sqrt{2}Ee^{-\tau s}\frac{s\sin\omega\tau+\omega\cos\omega\tau}{(R+Ls)(s^2+\omega^2)}$$

식 (2.3)을 라플라스 역변환하면 식 (2.2)를 얻을 수 있다.

(2) 전류의 도통 기간은 θ_1이므로, 평균치 I_d는 다음과 같이 구할 수 있다.

$$\begin{aligned} I_d &= \frac{1}{2\pi}\int_{\alpha}^{\alpha+\theta_1} i_d d\theta=\frac{1}{2\pi}\frac{\sqrt{2}E}{\sqrt{R^2+X^2}} \\ &\times\left[-\cos(\alpha+\theta_1-\phi)+\cos(\alpha-\phi)-\frac{X}{R}\left\{\exp\left(-\frac{R}{X}\theta_1\right)-1\right\}\sin(\alpha-\phi)\right] \end{aligned}$$

2. 단상 전파 정류회로에의 확장 전파 정류회로의 대표적인 예를 그림 2.3에 나타내었다. 그림의 회로는 단상 브리지 결선이라고도 한다. 특별한 경우로서 사이리스터 T_3, T_4를 다이오드로 할 수 있는데 이 정류회로는 혼합 브리지 방식이라고도 불린다. 그림을 보면, 사이리스터 T_1, T_4가 동시에 동작하면, 이때는 그림 2.2와 같게 생각해도 된다. 전파 정류기의 경우 사이리스터 T_1, T_4가 도통한 α보다 위상각 π만큼 지연된 위상각 $(\alpha+\pi)$에 대하여 사이리스터 T_2, T_3가 켜진다. T_2, T_3가 도통할 때, 부하에 흐르고 있던 전류가 0이 되면 그

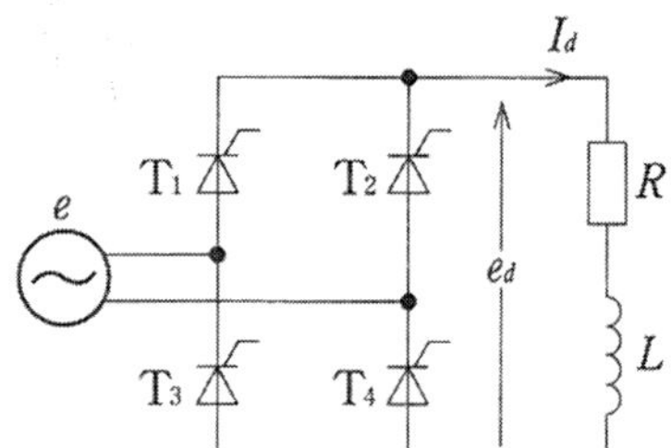

그림 2.3 전파 정류회로

림 2.2의 동작을 반복하지만, 부하 전류가 아직 계속해 흐르고 있을 때는 I 전류치부터 전류가 다시 흐르게 된다. 전자의 경우 부하 전류는 연속해 흐르지 못하고 단속되지만, 후자의 경우는 연속한 부하 전류가 흐른다. 이 조건은 식 (2.2)를 보면 알 수 있다. 식 (2.2)에서 정해지는 전류의 위상각 $(\pi+\beta)$에 대하고, $i_d = 0$ 이라고 하면

$$\sin(\beta-\phi)+\exp\left\{-\frac{R}{X}(\pi+\beta-\alpha)\right\}\sin(\alpha-\phi)=0 \tag{2.4}$$

이 식으로부터, α, β의 대소 관계를 알 수 있다.

(1) $\alpha=\phi$일 때 $\beta=\phi$이므로 i_d의 도통 기간을 θ_1으로 하면 $\theta_1=\pi$가 되어 전류는 양의 반파의 정현파가 된다.

(2) $\alpha>\phi$일 때 $\sin(\alpha-\phi)>0$, $\sin(\beta-\phi)<0$이므로, $\beta<\phi$, $\theta_1<\pi$

(3) $\alpha<\phi$일 때 $\sin(\alpha-\phi)<0$, $\sin(\beta-\phi)>0$이므로, $\beta>\phi$, $\theta_1>\pi$

상기 (2)의 경우, 전류는 연속해 흐르지 못하고, 전압의 반사이클 마다 같은 과도 현상을 반복한다. (3)의 경우, 전류는 연속한 부하 전류가 흐른다. 실제의 장치에서는 부하의 리액턴스 성분 X는 전류를 연속해 흘릴 만큼 크지 않기 때문에, 충분한 크기의 리액턴스 성분을 직렬에 삽입해 전류 연속의 조건을 만드는 것이 대부분이다. 이때, $\phi=\tan^{-1}X/R\cong\pi/2$ 가 된다.

부하 전류가 연속적으로 흐를 때, 정류기의 출력전압 평균치는 그림 2.4와 같이 되어 다음과 같이 계산된다.

$$E_d=\frac{1}{\pi}\int_{\alpha}^{\pi+\alpha}\sqrt{2}\,E\sin\theta d\theta=\frac{2\sqrt{2}}{\pi}E\cos\alpha=E_{d0}\cos\alpha \tag{2.5}$$

여기서, $E_{d0}=\left(\dfrac{2\sqrt{2}}{\pi}\right)E$

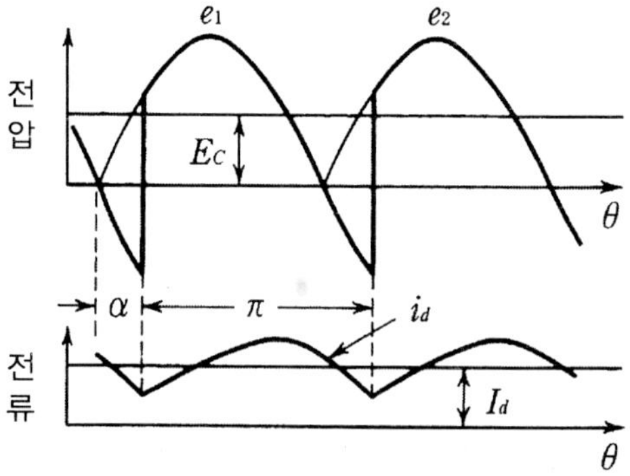

그림 2.4 역기전력 E_C가 있을 때 역기전력 파형

2.2 다상 정류회로[1), 2)]

단상 교류회로에서 부하에게 줄 수 있는 전력은 전원 주파수의 2배로 변동하는 직류 전력이 된다. 시간적으로 변동하지 않는 전력의 교류직류 변환에는 삼상 교류가 적합한 것은 잘 알려져 있어 넓게 사용되고 있다. 정지 레오나드는 삼상 정류장치이며, 삼상 교류, 삼상 정류의 이해 없이는 실제의 장치의 보수나 점검에 대응할 수 없다.

앞 절의 전파 정류회로에 대해서는 정류 소자 사이의 전류(傳流)($T_1T_4 \rightarrow T_2T_3$ 또는 그 반대의 전류)는 순간적으로 정상상태가 된다고 생각해 왔지만, 변압기의 누설리액턴스 등 교류 계통에 에너지를 저장하는 회로 요소가 있는 경우에는 어느 모드로부터 다른 모드로 바뀌는 데 유한한 과도 시간을 필요로 한다. 전류에 관계되는 변압기 코일의 2단자는 온 상태에 있는 사이리스터를 통해서 단락된 상태가 되어 단락 전류의 변화 속도로 전류(轉流)가 진행된다. 이 전류(傳流) 기간은 중복기간이라고도 한다. 전원 주파수에 대한 각도로 표시했을 경우에는 중복각이라고 한다. 중복 기간의 전류 변화를 지배하는 것은 그 단락 전류에 관여하는 교류 계통의 전 리액턴스로 통상은 변압기의 누설리액턴스가 큰 요소가 된다. 이 리액턴스는 실효적으로 환산해 코일의 외측에 집중한 리액턴스로서 취급될 수 있다. 전원 주파수에 대한 이 리액턴스를 전류 리액턴스라고 부르고 있다.

1. 중복각 그림 2.5(a)의 기본 회로를 이용하여, 제 1상으로부터 제 2상에의 자연 전류를 고찰한다. 코일의 상수를 p로 하고 위상각의 원점은 그림 (b)와 같이 전류(轉流)에 관계하는 2상의 코일의 전압이 동일한 시점을 채용한다. 이때의 제어 지연각 α가 0이다.

회로 방정식은 사이리스터의 온 상태에서의 전압강하를 무시하여 전류 리액턴스를 X, 부하에 직렬에 삽입된 인덕턴스 L_s로 하여

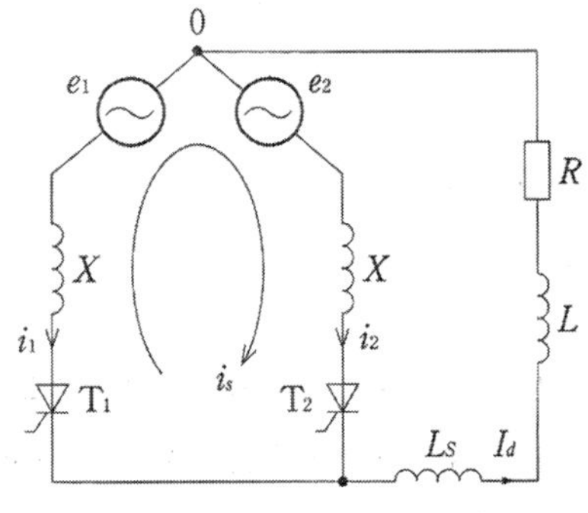

(a) 기본 회로

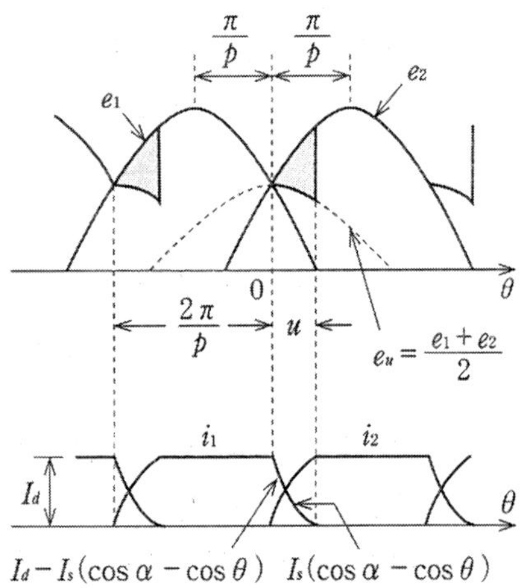

(b) 전압 전류 파형

그림 2.5 다상 정류회로

$$\left.\begin{aligned} & i_1 + i_2 = I_d \\ & e_1 = \sqrt{2}\,E\cos\left(\theta + \frac{\pi}{p}\right) \\ & e_2 = \sqrt{2}\,E\cos\left(\theta - \frac{\pi}{p}\right) \\ & e_1 - X\frac{di_1}{d\theta} + X\frac{di_2}{d\theta} - e_2 = 0 \end{aligned}\right\} \tag{2.6}$$

가 된다. 단락전류 i_s를 나타내면 i_1, i_2 등은 다음과 같이 쓸 수 있다.

$$i_1 = \frac{I_d}{2} - i_s, \quad i_2 = \frac{I_d}{2} + i_s \tag{2.7}$$

예제 2.2 사이리스터 T_1, T_2가 동시에 흐르게 하고 있는 중복 기간에서는 어떻게 계산될까?
(1) 출력에 나타나는 직류 전압의 순간치
(2) 중복의 계속하는 각도 u의 크기

풀이 (1) 식 (2.6)의 제4식으로부터 출발해 식 (2.7)의 관계를 넣으면

$$e_2 - e_1 = X\frac{d}{d\theta}(i_2 - i_1) = 2X\frac{di_s}{d\theta} \tag{2.8}$$

$$\therefore i_s = \frac{1}{2X}\int(e_2 - e_1)d\theta = -\frac{\sqrt{2}\,E}{X}\sin\frac{\pi}{p}\cos\theta + K \tag{2.9}$$

여기서, $(\sqrt{2}\,E/X)\sin(\pi/p) = I_s$이고, 중복 기간에 직류 측에 나타나는 전압 e_u는

$$e_u = e_1 - X\frac{di_1}{d\theta} = e_1 + X\frac{di_s}{d\theta} = e_1 + \frac{e_2 - e_1}{2} = \frac{e_1 + e_2}{2} \tag{2.10}$$

출력에는 두 개의 상전압의 평균치가 나타난다.

(2) 직류 리액터는 충분히 크고 I_d를 일정이라고 생각한다. 식 (2.7)에 식 (2.9)를 대입하여 $\theta = 0$ 때 $i_1 = I_d$, $i_2 = 0$로 둠으로써 다음의 해를 간단하게 얻을 수 있다.

$$\left.\begin{aligned} & i_1 = I_d - I_s(1 - \cos\theta) \\ & i_2 = I_s(1 - \cos\theta) \end{aligned}\right\} \tag{2.11}$$

일반적으로 위상제어각을 α로 하면, 다음과 같이 된다.

$$\left.\begin{aligned} & i_1 = I_d - I_s(\cos\alpha - \cos\theta) \\ & i_2 = I_s(\cos\alpha - \cos\theta) \end{aligned}\right\} \tag{2.12}$$

중복각을 구하려면, 식 (2.12)에서 $i_1 = 0$, $i_2 = I_d$가 되는 위상각을 구하면 된다. 그 이후는 중첩기간이 끝나 사이리스터 T_2만 통전이 되므로 그림 2.5(b)와 같은 전류 파형이 된다. 식 (2.12)의 제2식에서 $\theta = \alpha + u$일 때, $i_1 = 0$, $i_2 = I_d$는

$$\cos\alpha - \cos(\alpha + u) = \frac{I_d}{I_s} = \frac{XI_d}{\sqrt{2}\,E\sin(\pi/p)} \tag{2.13}$$

약간 복잡하지만, 식 (2.13)으로부터 중복각 u를 계산하게 된다.

2. 다상 정류회로의 특성 그림 2.5(a)의 다상 정류회로는 변압기 코일의 전류 방향이 한 방향이므로 반파 정류회로라고 한다. p상 반파 정류회로는$(p/2)$상 전파 정류회로와 등가이다. p상반파 정류회로에 대해 특성식을 정리해보자.

a. 무부하로 α제어를 하지 않을 때의 직류 전압 식 (2.6)의 제2식에서 $\theta+\pi/p \to \theta$로 두어 적분 영역을 간단히 한다.

$$E_{d0}=\frac{1}{(2\pi/p)}\int_{-\pi/p}^{\pi/p}\sqrt{2}\,E\cos\theta\,d\theta=\sqrt{2}\,E\frac{p}{\pi}\sin\frac{\pi}{p} \tag{2.14}$$

b. 무부하로 α제어를 했을 때의 직류 전압

$$E_{d0}'=\frac{1}{(2\pi/p)}\int_{-\pi/p+\alpha}^{\pi/p+\alpha}\sqrt{2}\,E\cos\theta d\theta=E_{d0}\cos\alpha \tag{2.15}$$

c. 부하 시에 α제어를 할 때 직류 전압 중복 기간의 직류 전압 순간치는 식 (2.10)이 되므로 그림 2.5(b)에서 음영 부분의 면 적분 만큼 전압이 떨어진다. 그 평균치는 다음과 같이 계산된다.

$$\begin{aligned}E_x&=\frac{1}{(2\pi/p)}\int_{\alpha}^{\alpha+u}\frac{e_2-e_1}{2}d\theta=\sqrt{2}\,E\frac{p}{\pi}\sin\left(\frac{\pi}{p}\right)\frac{\cos\alpha-\cos(\alpha+u)}{2}\\&=E_{d0}\sin\frac{u}{2}\sin\left(\alpha+\frac{u}{2}\right)\end{aligned} \tag{2.16}$$

$$\begin{aligned}E_d&=E_{d0}'-E_x\\&=E_{d0}\cos\alpha-E_{d0}\frac{\cos\alpha-\cos(\alpha+u)}{2}=E_{d0}\cos\left(\frac{u}{2}\right)\cos\left(\alpha+\frac{u}{2}\right)\end{aligned} \tag{2.17}$$

또한, 식 (2.17)은 정류장치를 앞선각 제어(β제어)하면서 인버터 운전할 때도 $\alpha\to\beta$라고 고쳐 쓰기만 하면 된다. 다만, 중복각은 전류를 늦추는 작용을 하므로 $(\beta-u/2)$의 형식에서 나타난다.

또한, 식 (2.16)은 식 (2.13)을 고려하면

$$E_x=\frac{pXI_d}{2\pi} \tag{2.18}$$

가 되어, 직류 회로에 $(pX/2\pi)$의 저항을 삽입한 것과 동등한 영향을 준다.

d. 소자에 흐르는 전류 소자에 흐르는 전류의 평균치 I_{av}와 실효값 I_{rms}는 다음 식과 같이 나타내어진다.

$$I_{av}=\frac{I_d}{p} \tag{2.19}$$

$$I_{rms}=\sqrt{\frac{1}{2\pi}\left\{\int_{\alpha}^{\alpha+u}i_1^{\,2}d\theta+I_d^{\,2}\left(\frac{2\pi}{p}-u\right)+\int_{\alpha}^{\alpha+u}i_2^{\,2}d\theta\right\}} \tag{2.20}$$

식 (2.12)의 i_1, i_2를 윗 식에 넣으면 정확한 실효값을 구할 수 있지만, 중복각이 충분히 작고 $u=0$로 간주할 수 있으면 I_{rms}는 간단하게 다음 식으로 나타내진다.

$$I_{rms} = \frac{I_d}{\sqrt{p}} \tag{2.21}$$

2.3 3상 브리지 정류회로

1. 3상 전파 정류회로의 특성식 그림 2.6은 3상 브리지 정류회로의 회로도 및 위상제어 시의 전압 파형을 나타내고 있다. 그림 (a)에서, 직류 회로에 전압강하를 일으키는 가상 저항 E_x가 삽입되어 있다.

그림 (b)의 전압 파형은 다음과 같은 의미를 갖는다.

- 정측의 전압 : 전원의 중성점 O에 대한 양의 반파 정류 출력의 점 P의 전압 v_{PO}
- 음측의 전압 : 전원의 중성점 O에 대한 음의 반파 정류 출력의 점 N의 전압 v_{NO}

그림은 양의 정류회로로 제어각 α에 대해 전류(傳流)가 개시되어 전류 기간 중에는$(e_1+e_2)/2$의 전압을 나타내면서 중복각 u가 되었을 때 e_1으로부터 e_2에의 전류가 완료하는 모습을 나타내고 있다. 출력 전압의 크기는

$$E_{d0} = v_{\mathrm{PO}} - v_{\mathrm{NO}} = 2 \times v_{\mathrm{PO}}$$

가 된다. 다음은 식 (2.14)~(2.20)을 기초로 $p=3$으로서 구할 수 있다.

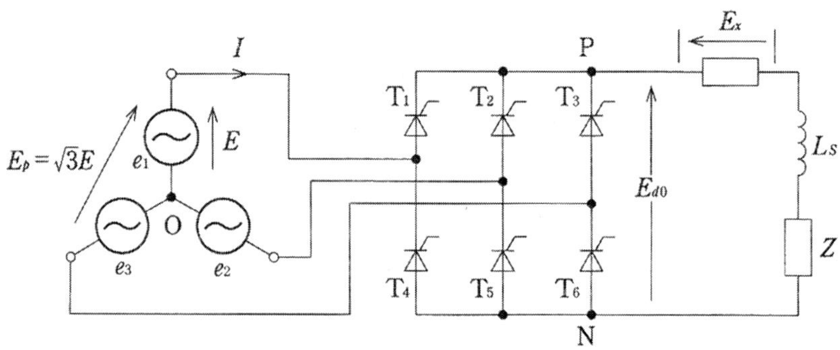

(a) 회로도

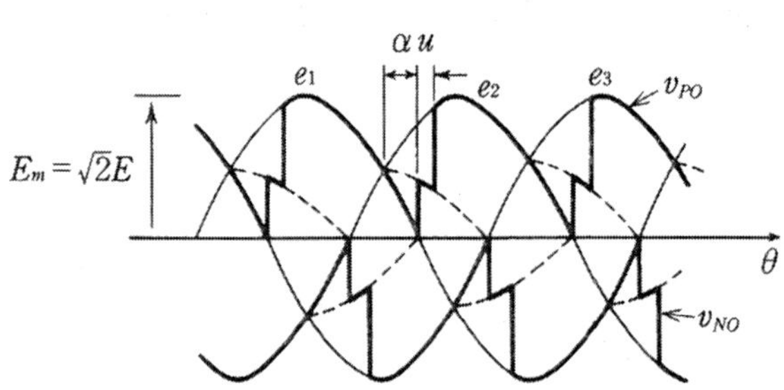

(b) 위상제어 시의 전압 파형도

그림 2.6 3상 브리지 정류회로

(a) 무부하로 α 제어를 하지 않을 때의 직류 전압

$$E_{d0} = 2\times\left(\sqrt{2}\,E\frac{3}{\pi}\sin\frac{\pi}{3}\right) = 1.35E_p,\ \ E_p = \sqrt{3}\,E \tag{2.22}$$

(b) 무부하로 α 제어를 했을 때의 직류 전압

$$E_{d0}' = E_{d0}\cos\alpha \tag{2.23}$$

(c) 전류(轉流) 리액턴스에 의한 등가 저항

$$E_x = 2\times\left(\frac{3XI_d}{2\pi}\right) \tag{2.24}$$

(d) 선전류 I의 실효값 : 전파 정류에서는 전류는 쌍방향으로 흐르는 것을 고려해, 식 (2.20)으로부터 구할 수 있다.

$$I = I_{rms} = \sqrt{\frac{2}{3}}\,I_d \tag{2.25}$$

2. 직류 리액터의 용량 지금까지의 해석에서는 직류 리액터의 용량은 충분히 크고, 직류 전류는 평활하다고 가정해 왔다. 그러나 실용적인 면에서 보면 중량, 치수, 가격 면에서 용량은 가능한 한 작게 설계할 필요가 있다.

직류 리액터의 용량은 전류 리플의 크기와의 관계로 결정된다. 전류 리플의 크기는 제어각 α에도 관계하지만 전압 변동이 가장 커질 때가 전류 리플 크기가 최대가 된다. 앞서 말한 것처럼 실제의 장치에서는 부하가 가지는 리액턴스 성분 X는 전류를 연속해 흘릴 만큼 크지 않기 때문에 충분한 크기의 리액턴스 성분을 직렬에 삽입하여 전류 연속의 조건을 만드는 것이 대부분이다. 이때, $\phi = \tan^{-1}X/R \cong \pi/2$가 된다.

식 (2.2)에 대하여 전류 연속의 조건으로 $\theta = \alpha$ 및 $\theta = \pi + \alpha$에서의 전류가 동일하고, 전류 i_d의 초기치가 $i_d = I_0$라고 하면 다음 식과 같이 된다.

$$i_d = \frac{\sqrt{2}\,E(\cos\alpha - \cos\theta)}{X} + I_0 \tag{2.26}$$

예제 2.3 3상 정류장치일 때 (1)과 단상 정류장치일 때 (2)에 대해서 리플 전류의 최대치에 미치는 리액턴스 X의 영향에 대해 검토하시오.

풀이 (1) **3상 정류장치일 때** : 직류 측에 전압 변동이 가장 커지는 것은 그림 2.7(a)에 대해 음영 부분이며 (예제 2.6 참조) 그때의 직류 전류는 식 (2.26)에서 $\alpha = 5\pi/6$으로 두면 된다.

$$i_d = -\frac{\sqrt{2}\,E\{(\sqrt{3}/2) + \cos\theta\}}{X}$$

전류의 최대치는 $\theta = \pi$일 때 발생하므로

$$|i_d|_{\max} = |i_d|_{\theta=\pi} = \frac{\sqrt{2}\,E\{1 - (\sqrt{3}/2)\}}{X}$$

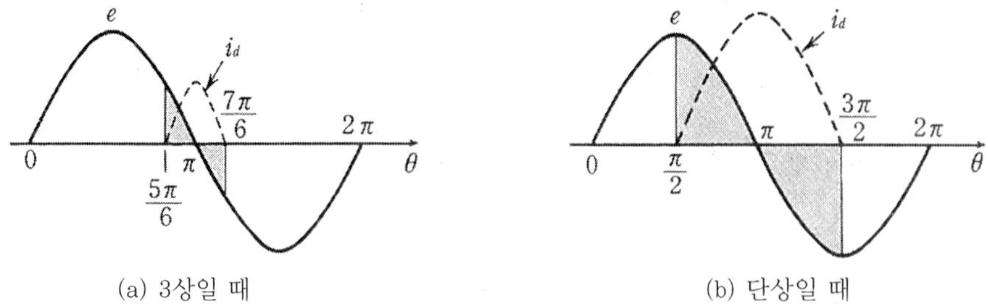

그림 2.7 최대의 전압 변동에 있어서의 전압 전류 파형

(2) 단상 정류장치일 때 : 그림 (b)를 고려하여 구한다. 식 (2.26)에서, $\alpha=\pi/2$라고 두면 된다.

$$i_d=-\frac{\sqrt{2}\,E\cos\theta}{X}$$

3상의 경우와 마찬가지로 $\theta=\pi$로 되면 전류 리플의 최대치가 구해진다.

$$|i_d|_{\max}=|i_d|_{\theta=\pi}=\frac{\sqrt{2}\,E}{X}$$

일례로서 E=200 V, L=200 mH로 하면, 3상일 때는 전류 리플이 6 A, 단상일 때는 45 A가 되어, 정류회로의 특성이 뚜렷하게 나타나고 있다.
정류회로의 전류 파형을 그릴 때 "L이 충분히 크다."고 하거나 혹은 "L=∞이다."라고 하는 표현이 자주 사용된다. 이 표현은 식 (2.28), (2.30)으로부터 알 수 있듯이 절대값 $|i_d|_{\max}=0$이라고 하는 것이며, 전류 리플이 0이라고 하는 것을 의미한다. 이것으로부터 "L이 충분히 크다고 하고 전류를 그리는" 혹은 "L=∞로서 전류를 그린다"라고 하는 것은 "전류의 초기치와 최종치를 같게 해 전류를 플랫하게 그린다"라고 하는 것이다.

예제 2.4 위상 지연각 α는 상전압과 상전류의 관계로 결정하는 것이 기본이지만, 일반의 3상 교류 계통은 3선식이며 중성선은 없다. 이 경우 위상 지연각 α를 어떻게 결정하면 좋은가 생각해보자.

풀이 교류 회로 이론을 생각해보자. 그림 2.8에 나타내듯이, 3상 교류의 상전압 v_R, v_S, v_r과 각각의 선간전압에는 30도의 위상차이가 생긴다. 이것을 염두에 두고, 우선 전압의 Δ → Y 변환을 실시해 변환된 상전압을 기준으로 위상각을 결정한다.

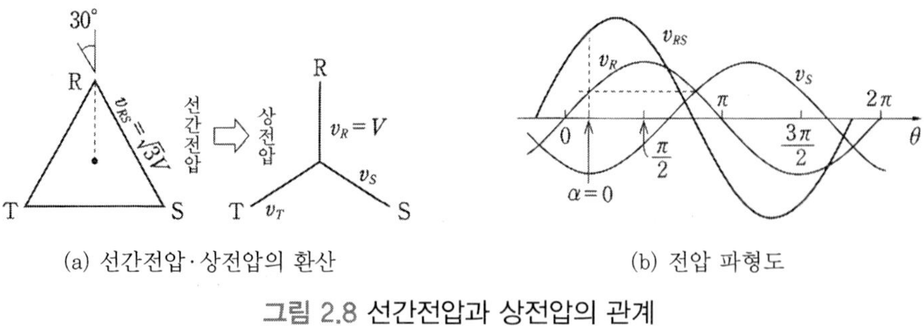

그림 2.8 선간전압과 상전압의 관계

2.4 정류회로에 의한 전력회생 제어

1. 전력회생의 의미 그림 2.9는 정지 레오나드 방식에 의한 직류전동기의 구동계를 그린 것이다. 그림 2.1과 비교해보면, 주회로에 변환 스위치가 삽입되어 있다.

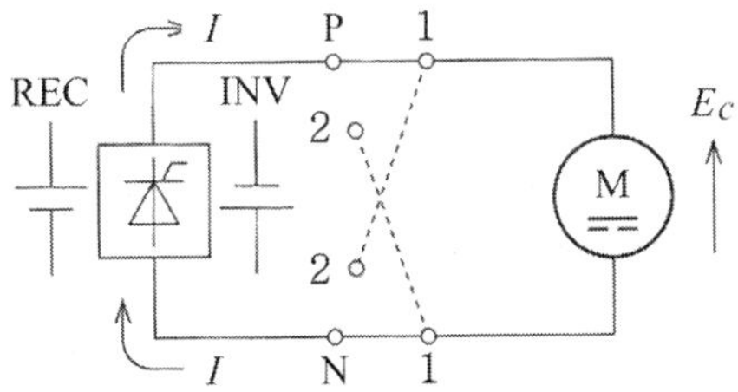

그림 2.9 정지 레오나드에서의 직류전동기의 구동계

종래의 워드 레오나드 방식으로는 "유도전동기(M) + 직류발전기(G)"의 편성에 의해 교류 계통으로부터 직류전동기에의 정류 동작, 직류전동기로부터 교류 계통에의 전력회생 동작을 한다. 정지 레오나드에서도 정류와 전력회생의 두 개의 동작이 필요하게 되지만, 사이리스터로 구성되는 정류 장치에서는

① 사이리스터를 흐르는 전류의 방향이 한 방향뿐인 것

② 사이리스터는 전원 전압의 위상을 소성해 실행되는 것

등을 고려에 넣어 시스템이 구성된다.

예제 2.5 정류회로에서 전력회생은 어떻게 이루어질까?

(1) 직류 전력의 입출력과 대비하여 생각하시오.

(2) 교류 측에서 보았을 때, 전압과 전류의 위상 관계는 어떻게 될까 생각하시오.

풀이 (1) 직류 전원이 있어 그 전원의 +극에서 전류가 흘러나오는 방향이면, 이때는 전원전력을 외부에 공급하게 된다. 반대로 전원의 +극 측에 전류가 흘러 들어 가는 상태이면, 그때는 외부로부터의 전력이 전원에 회생(충전)하게 된다. 정지 레오나드 방식에서도 마찬가지로 생각하면 된다.

그림 2.9에서 정류 후의 전압이

- P측의 전압이 높은 상태(REC의 방향)이면 교류를 정류해 직류전동기에 전력을 공급하고 있는 정류 동작이다. 이른바 정류기로서 동작하고 있다.
- N측의 전압이 높은 상태(INV의 방향)이면 직류전동기의 전력이 전원에 되돌려지는 것을 의미한다. 이때 정류기는 인버터로서 전력회생 한다.

정류 동작 때도 인버터 동작 때도 사이리스터의 전류 방향이 불변이며, 직류전동기의 역기전력도 변하지 않기 때문에 주회로에 변환 스위치를 삽입해 정류기 동작 때는 전극 P, N을 접점 1측에, 회생 동작 때는 전극 P, N을 접점 2측에 접속한다.

(2) 동작을 교류 측에서 생각하면, 전원에서 본 부하의 역률 $\cos\phi$에 관계한다. $\cos\phi > 0$(지상역률)이면 정류 동작이 되고, $\cos\phi < 0$(진상역률)이면 회생 동작이 되는 것이기 때문에 역률

1.0이라고 하면, 정류 동작 때는 전류와 전압은 동상($\phi = \alpha = 0$)이 된다. 전력회생을 할 때는 전압과 전류는 역상관계($\psi = \alpha = 180$도)가 아니면 안 된다. 교류 측의 역률각은 직류 전압의 크기와 연동해 위상 지연각으로 정해지므로 직류전압·직류전류에 따라 위상 지연각이 자동적으로 제어되도록 구성된다. 이와 같이 전압과 전류의 위상 관계는 정류 동작과 회생 동작으로 거의 180도 다르지만, 설명을 간략화 하기 위해서 양자를 같은 위상 관계를 그려 설명하는 경우가 자주 있다. 이 경우, 전압 파형이 반전해 도시되고 있다고 생각하면 모순은 생기지 않는다.

예제 2.6 위상 지연각 α가 0도, 60도, 90도, 120도 일 때, 직류 전압 파형과 R상 전류의 위상 관계를 도시하라. 다만, 상전류는 구형파여도 된다.

풀이 위상 지연각 α는 상전압과 선전류로 결정되어 직류 측 전압은 선간전압이 합성된 것이 나타난다. 이것을 생각해 작도하면 그림 2.10을 얻을 수 있다.

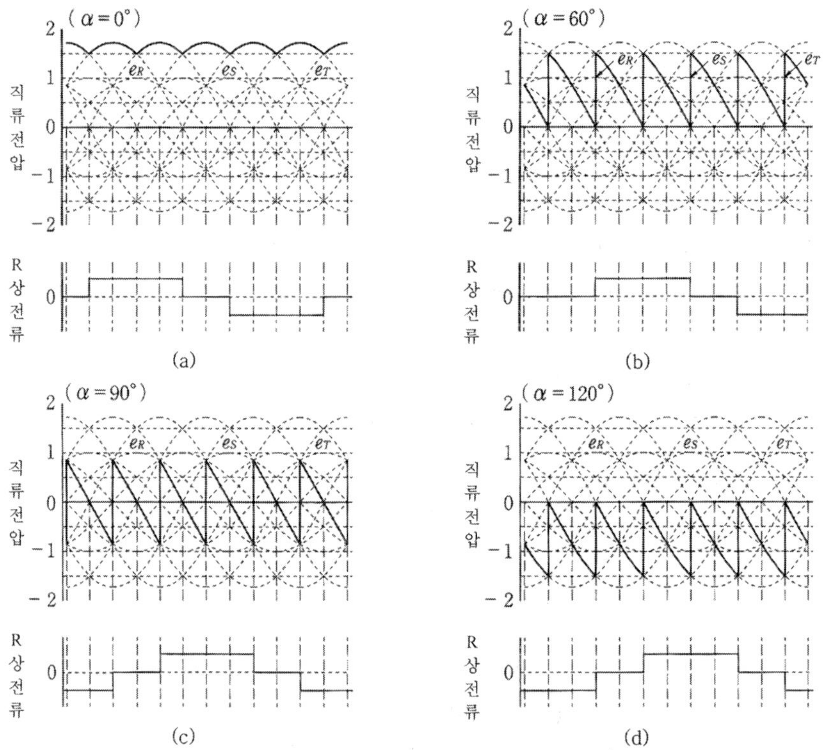

그림 2.10 예제 2.6의 해답

2. 제어 진행각 β의 결정 방법 사이리스터의 전류는 전원 전압의 위상을 조정해 실행되는 것을 이미 말했다. 정류 전압의 최대치 1.0에 대해서 0.75를 출력하고 있을 때를 예를 들어, 정류 동작과 회생 동작으로 정류기의 위상각은 어떻게 선택될까 검토한다. 그림 2.5와 같이 가상적으로 중성점을 생각해 상전압으로 논의를 진행시킨다.

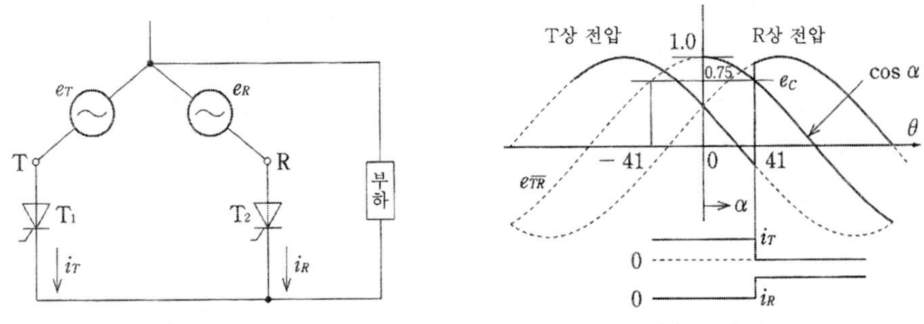

(a) 구성　　　　　(b) α 제어

그림 2.11 정류 동작

그림 2.11(a)에서, 사이리스터 T_1이 도통하고 있는 상태를 생각하자. 사이리스터 T_1으로부터 T_2로 전류가 흐르면, 같은 방식으로 전류(傳流)가 된다. T상으로부터 R상으로 전류(轉流)는 두 개의 상전압으로부터 얻을 수 있는 전압 $e_{\overline{TR}}$과 출력전압을 결정하는 기준전압 e_C의 교점에서 일어난다. 교점은 그림 (b)에 나타내듯이 2개가 가능하지만, 정류 동작 때는 전압 $e_{\overline{TR}}$의 오른쪽 아랫부분과의 교점에서 이루어진다.

출력전압은 $e_C = \cos\alpha = 0.75$로 정해지므로, 이것보다 $\alpha = 41°$를 얻을 수 있다. $\alpha = 41°$에서는

$$e_R > e_T$$

이므로, 사이리스터 T_2가 점호되면 사이리스터 T_1을 $e_R - e_T > 0$에 의해서 역바이어스 되고, 사이리스터 T_1을 턴오프시킨다. 이 경우 전류는 전압에 대해서 항상 지연을 나타내 α제어 영역이라고 부른다. 다른 사이리스터의 전류도 마찬가지로 전류(傳流) 전후 상전압의 중간 위상 전압의 오른쪽 아래 부분과 기준 전압의 교점에서 정류를 한다.

또 하나의 교점($\alpha = -41°$, 즉 앞선 전류)에서도 같은 전압을 발생할 수 있지만, 이 시점에서는 $e_R < e_T$이므로 사이리스터 T_1을 역바이어스 하지 못하고 정류 동작이 멈추어 버린다.

다음으로, 그림 2.12를 이용하여 앞에서와 같은 조건으로 전력회생을 실시하는 것을 생각해 보자.

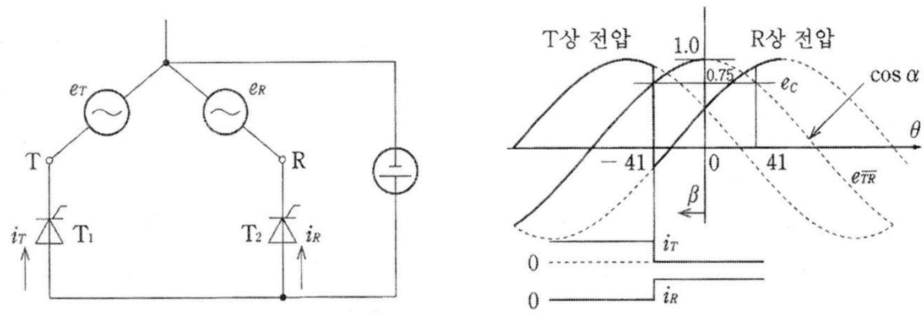

(a) 구성　　　　　(b) β 제어

그림 2.12 인버터 동작

그림 2.11(a)과 비교하면, 사이리스터의 방향이 거꾸로 되어 있어 부하의 직류발전기의 직류 전력이 교류 전력으로 변환되어 전원으로 되돌려진다. 교류 전원 측에서 보면, 직류발전기의 잉여 에너지가 기존의 교류 계통에 흘러 들어 회생되게 된다. 부하의 직류 전력(예를 들어, 직류발전기)의 출력전압이 0.75라고 하면, 정류장치에서도 같은 전압을 발생해야 한다. 앞에서와 같이 전류(轉流)는 두 개의 상전압으로부터 얻을 수 있는 전압 $e_{\overline{TR}}$과 출력전압을 결정하는 기준전압 e_C의 교점에서 일어난다. 앞에서 본 예와 같이 교점은 그림 (b)에 나타나듯이 2가지로 될 수 있으나, 전력회생 동작(인버터 동작이라고도 한다) 때는 전압 $e_{\overline{TR}}$의 오른쪽 윗부분과의 교점에서 일어난다. 그림 2.12는 사이리스터 T_1이 도통되어 있는 상태로 $\beta = 41°$에서 사이리스터 T_2가 점호 되었을 때의 전압 관계이다. 이때,

$$e_R < e_T$$

이므로, 사이리스터 T_1은 $e_T - e_R > 0$에 의해서 역 바이어스 되어 턴오프 된다. 그림 2.12(b)로부터 알 수 있듯이, 이 경우는 전류가 전압보다 항상 앞서고 있다. 정류장치가 인버터 동작을 할 때는 그림 2.11과 같이 지연 전류로 실행하려고 하면, 역 바이어스가 걸리지 않기 때문에 동작이 정지한다. 다른 사이리스터의 전류도 마찬가지며, 전류(傳流) 전후 상전압의 중간 위상 전압의 오른쪽 윗부분과 기준 전압의 교점에서 전류(轉流)를 한다. 이 경우 전류는 전압에 대해서 항상 앞서고, 새로운 변수 $\beta = -\alpha$를 도입해 β제어 영역이라고 부른다.

전력회생 동작에 있어서의 특성식은 다상 정류회로에 대해 구한 식 (2.14)~(2.17)에 대해서

$$\alpha = -\beta \tag{2.31}$$

와 같이 고쳐 쓰면 된다. 전류의 중복각 $u = 0$일 때는 정류 동작과 회생 동작이 완전하게 일치하지만, $u \neq 0$일 때 α영역과 β영역에서는 전압강하에 대한 중복각 u의 영향이 반대로 된다.

예제 2.7 직류전동기가 정회전·역회전 될 때, 주 회로에 스위치를 삽입하지 않는 방식에 대해 검토하시오.

풀이 앞에서 언급하듯이 정류장치 2개를 이용해 전류의 방향에 따라 각각의 정류장치가 동작하도록 새로 바꾸면 된다. 그 예를 그림 2.13에 나타내었다. 기계적 스위치가 반도체 스위치로 바뀌었을 뿐이라고도 말할 수 있지만, 접촉기가 정지화 되는 의미는 크다.

(1) 그림 (a)가 가장 많이 사용되는 전기자 전류제어 방식이다. 요점은 전기자 전류의 방향에 의해서 정측 컨버터를 작동시켜 정회전을 실시하고, 역방향으로 회전시킬 때는 부측의 컨버터를 작동시키는 것이다. 여기서 컨버터라고 하는 용어를 이용했지만, 정류 동작과 인버터 동작을 양쪽 모두 가능하게 하는 변환기의 총칭이다.

(2) 그림 (b)는 또 하나의 계자 전류제어 방식이다. 전기자 전류는 정류장치가 1개뿐이어서 전류의 방향은 변환되지 않기 때문에 이대로는 역방향으로 회전할 수 없다. 따라서 계자 전류의 방향을 새로 바꾸는 것을 생각하자. 계자 회로에 정류장치 2개를 넣으면 계자 전류의 방향에 의해 회전 방향이 반전된다.

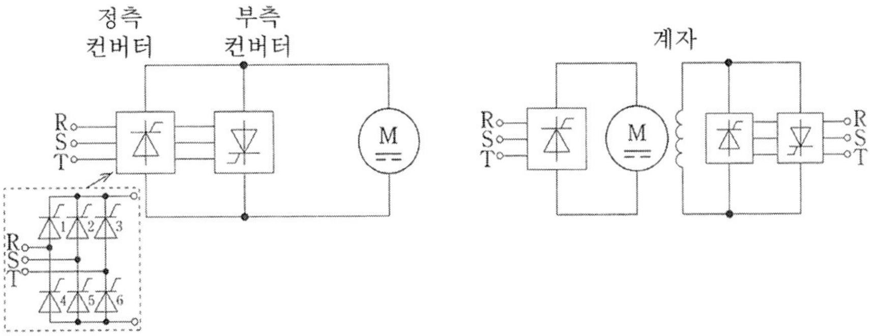

(a) 전기자 전류제어 방식　　　　(b) 계자 전류제어 방식

그림 2.13 예제 2.7의 해답

예제 2.8 변압기의 누설임피던스는 자주 단위법으로 나타낸다. 3상 브리지 정류기의 입력에 접속된 변압기의 퍼센트 임피던스(%Z)가 x일 때 정류기의 출력전압은 어떻게 나타내어지는지 검토해 보시오.

풀이 상전압을 E, 선간전압을 $E_p = (=\sqrt{3}\,E)$, 선전류를 I라고 하면 x는 정의에 의해 다음 식과 같이 나타내진다.

$$x = \frac{IX}{E} = \frac{(\sqrt{2/3}\,I_d)X}{E}$$

3상 브리지 회로에 대해 %Z에 의한 전압강하는 식 (2.24)로부터

$$E_x' = 2 \times \left(\frac{3XI_d}{2\pi}\right) = \frac{3}{\pi}XI_d = \frac{3\sqrt{3}\,Ex}{\sqrt{2}\,\pi}$$

식 (2.22)의 E_{d0}와 윗 식 E_x의 비를 구하면

$$\frac{E_x}{E_{d0}} = \frac{x}{2}$$

출력전압 E_d의 퍼센트 임피던스 x를 이용하여 다음 식과 같이 나타낼 수 있다.

$$E_d = E_{do}\cos\alpha - E_x = E_{do}\left(\cos\alpha - \frac{x}{2}\right) = 1.35E_p\left(\cos\alpha - \frac{x}{2}\right) \tag{2.32}$$

인버터 및 사이클로 컨버터

이 장의 목적

1. 정류회로의 연장으로서 β제어를 이용한 타려식 인버터의 원리에 대해 이해한다.
2. 펄스폭 변조를 이용한 PWM 인버터의 제어 원리의 장점을 알아본다.
   한편 정현파 입력에 대해 작도를 할 수 있다.
3. 직접식 주파수 변환기 사이클로 컨버터의 원리를 학습해, 순환 전류의 유무에 의한 제어 특성의 차이를 이해한다.
4. 3-펄스사이클로 컨버터의 원리와 적용 대상을 이해한다.

3.1 주파수 변환의 기본 구성

교류 전력을 다른 주파수의 교류 전력으로 변환하는 것을 주파수 변환이라고 하지만, 사이리스터를 이용한 정지형 주파수 변환 방식에는 그림 3.1에 나타내었듯이 직접식과 간접식이 있다. 간접식은 그림 (a)와 같이 주파수 f_1의 교류 AC_1을 정류 해 일단 직류로 한 후, 인버터에 의해서 주파수 f_2의 교류 AC_2를 얻는 것으로 앞장까지 말한 정류회로와 인버터 회로의 편성에 의해서 실현된다.

이것에 대해서 직접식은 그림 (b)와 같이 교류 AC_1로부터 바로 다른 주파수의 교류 AC_2를 얻는 방식이며, 사이클로 컨버터로 불리고 있다. 사이클로 컨버터는 사이리스터의 수도 많고 게이트 회로도 복잡하지만 에너지의 흐름이 양방향성인 것, 전류(轉流)가 자연 전류(轉流)인 것 등의 특징이 있어 대용량기가 되면 경제성의 면에서 유리하게 된다.

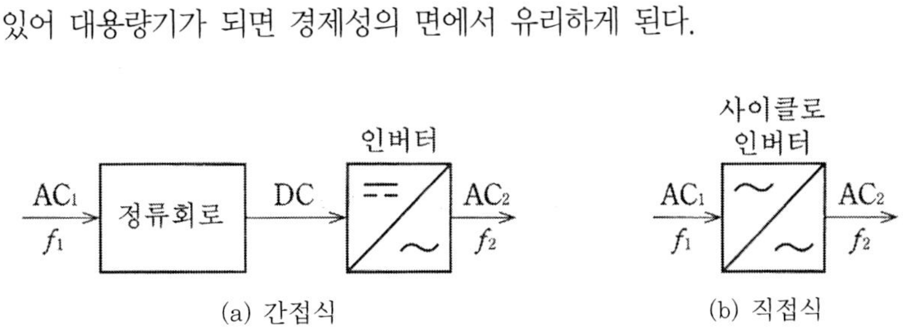

그림 3.1 주파수 변환방식

예제 3.1 직접식 주파수 변환 방식과 간접식 주파수 변환 방식에 대해, 에너지의 수수가 행해지는 방식에 대하여 생각해보시오.

풀이 그림 3.2는 일반적인 교류 회로의 기본 동작을 나타낸 것이며, 전압과 전류의 위상관계는 지연부하의 경우, 그림 (b)와 같이 된다. 전압 v와 전류 i의 극성에 의해, 영역 ②①④③으로 나눈 것은 그림 (c)의 좌표계와 대응 짓기 위해서다. 즉, 영역 ①은 양의 방향의 전류를 흘려 전력을 부하에 공급하고 있는 기간, 영역 ④는 ①의 기간에 축적된 부하의 무효전력을 전원에 회생하는 기간, 영역 ③은 음의 방향으로 전류를 흘리면서 전력을 공급하고 있는 기간, 영역 ②는 ③의 기간에 축적된 무효전력을 전원으로 회생하는 기간이다. 이 네 개의 동작 모드는 $i-v$의 좌표계로 나타내 보이면, 그림 (c)의 ①②③④의 각 상한에 대응한다. 직접식 주파수 변환의 사이클로 컨버터도 이 4상한의 운전이 요구되므로, 전원으로부터 부하에 유효전력을 흘려 그후 무효전력을 부하로부터 전원으로 하는 전력의 교환이 반주기마다 반복된다.

간접식 주파수 변환은 직류 회로가 내재되어있다. 직류 회로는 유효전력만 전달하기 때문에 전원으로부터 부하에는 유효전력밖에 전달되지 않는다. 그러나 부하가 교류기이면, 무효전력도 전달해야 한다. 그 모순을 보충하기 위해서 직류 회로에 콘덴서 혹은 리액터(경우에 의해 그 양쪽 모두)의 무효전력원을 삽입해 부하와 무효전력의 교환을 할 수 있도록 배려한다. 간접식 주파수 변환에서는 전원과 부하의 사이에 무효전력의 교환은 일어나지 않는다.

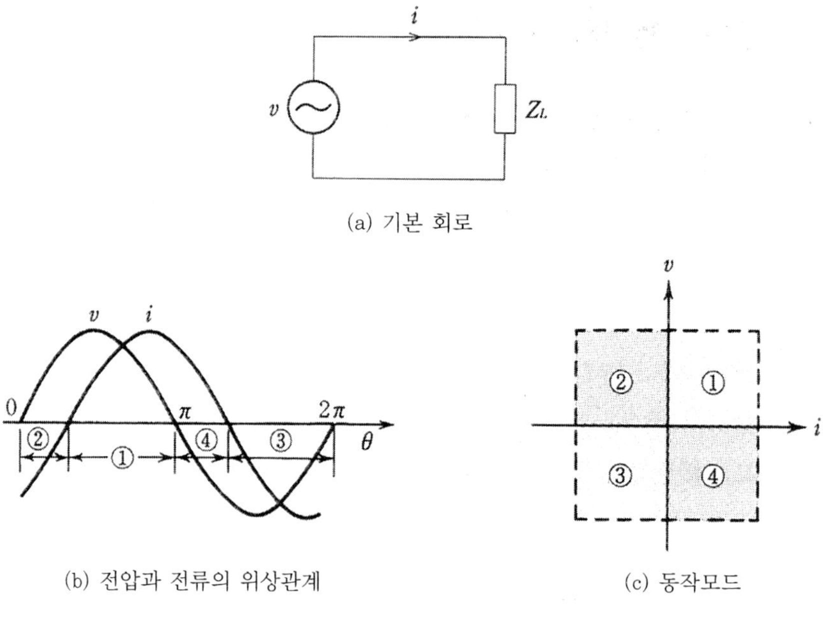

(a) 기본 회로

(b) 전압과 전류의 위상관계

(c) 동작모드

그림 3.2 교류 회로의 기본 동작

3.2 인버터[1)]

정류회로는 교류를 직류로 변환하는 장치이며, 인버터는 반대로 직류를 교류로 변환하는 기기 또는 시스템이라고 정의되고 있다. 전자를 순변환 장치, 후자를 역변환 장치라고 부르기도 한다. 양자는 회로 구성이 거의 같음으로, 하나의 장치로 제어의 방법에 따라, 교류로부터 직류로, 다른 경우는 직류로부터 교류로 변환 동작을 실시한다.

인버터는 특성상 혹은 회로상으로부터 다음과 같이 여러 가지 분류가 이루어진다.

사이리스터의 도통각에 의해 { 120도 통전형 / 180도 통전형

출력 특성에 의해 { 구형파 / 펄스폭 변조(PWM)

전류(轉流)시에 무엇을 일정하게 할까에 의해 { (정)전압형 / (정)전류형

전류(轉流)에너지를 외부의 전원에 의존할지에 의해 { 자려식 / 타려식

같은 인버터라도 사용하는 목적이나 설명상의 편의상, 어떤 것은 정전압형 인버터라고 부르고, 다른 경우는 구형파 인버터라고 부르는 경우가 있다. 전동기 구동 분야에서도 필요에 따라서 인버터에 대해 다른 용어를 사용하지만, 전동기의 특성에 직접 영향을 주기 때문에 전압형 인버터와 전류형 인버터로 분류하는 것이 많다. 그림 3.3은 전압형 인버터와 전류형 인버터의 구성 및 특성을 비교한 것이다.

항목	전압형 인버터	전류형 인버터
주회로 구성	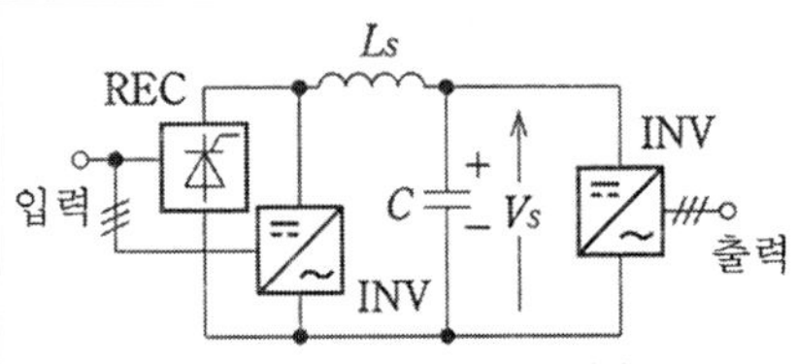	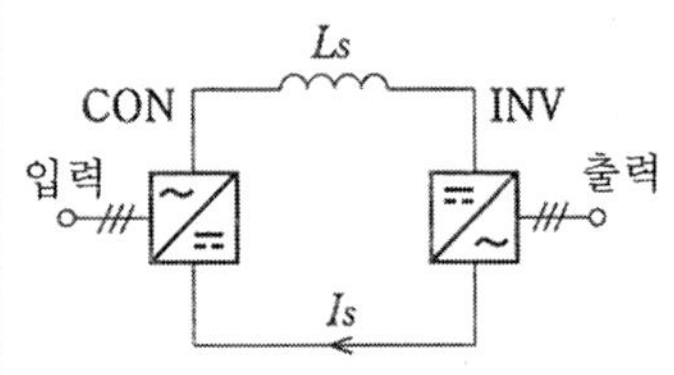
출력파형	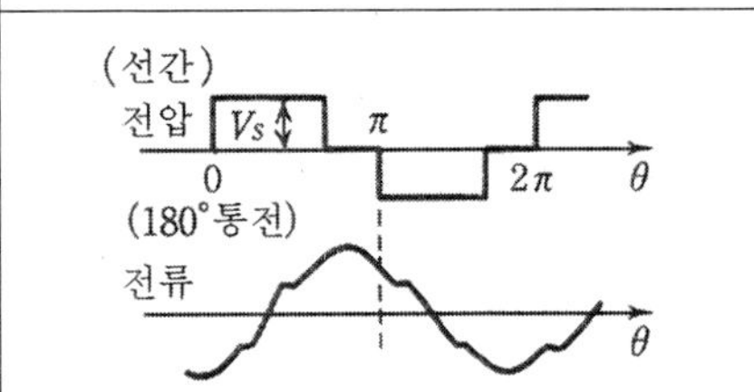	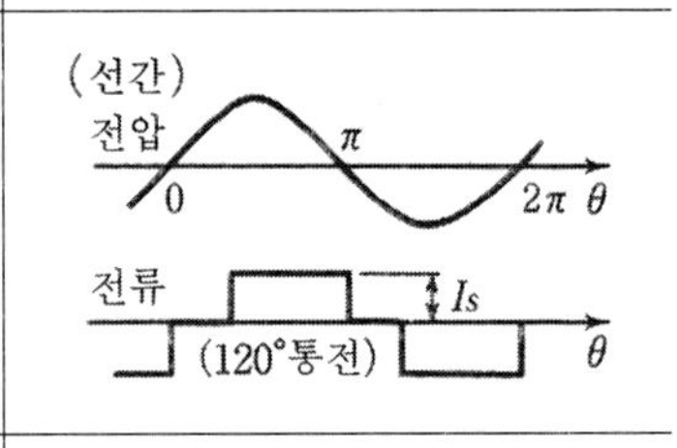
출력 임피던스	소. 전압원으로서 작용	대. 전류원으로서 작용

그림 3.3 전압형 인버터와 전류형 인버터의 비교

전압형 인버터에 대해서는 정류회로 REC의 출력 측에 리액터 L_s, 콘덴서 C로 구성된 필터가 접속된다. 콘덴서 C의 용량은 충분히 크고 그 양단의 전압은 거의 일정이 되도록 REC에서 제어된다. 인버터 INV가 180도 통전형으로 제어되면, 선간전압은 120도 형태의 구형파가 되어 결과적으로 선전류는 정현파에 가까운 형태가 된다. 인버터의 입력에 대용량의 콘덴서를 접속하고 있기 때문에 인버터의 출력 임피던스가 낮고, 전압원으로 작용한다. 전동기를 구동하는 경우, 회생제동 시에 콘덴서 전압의 극성이 불변으로 직류 회로의 전류가 반전하므로, 전력 회생을 위한 인버터 INV를 정류회로 REC와 역병렬로 접속해야 한다. 제어 특성으로서는 과전류 제한은 곤란하지만, 부하 변동에 의한 출력전압의 변동은 작다.

전류형 인버터에서는 컨버터 CON과 인버터 INV는 직류 리액터 L_s를 삽입하여 직렬로 접속한다. 리액터 L_s의 용량은 충분히 크고, 직류 전류 I_s는 거의 일정하게 되도록 컨버터에 의해서 제어된다. INV를 120도 통전형으로 제어하면, 선전류는 120도 형태의 구형파가 되어 결과적으로 선간전압은 정현파에 가까운 파형이 된다. 직류 전류 I_s는 일정하게 제어하기 위해 출력 임피던스는 전류원으로서 크게 작용한다. 회생 제동 시에는 인버터의 직류 측 전압의 극성이 반전해 전류 I_s의 방향이 불변이므로, 컨버터 CON의 위상각을 α=90°~180°로 함으로써 전력 회생이 가능하다. 출력과 전류 제한이 용이하고 빠른 제어를 할 수 있지만, 부하 변동에 의한 출력전압의 변동이 커진다.

3.2.1 전압형 인버터

반도체의 스위칭 작용에 의해서 직류를 교류로 변환하려면 기초가 되는 필수의 기술이 있다. 제일 첫 번째로 전압과 주파수의 선택, 그 다음에 전류의 전환 제어(전류 : 轉流), 또한 출력 고조파의 억제 등을 들 수 있다. 인버터 주파수는 부하(전동기 또는 변압기)의 자기 포화를 피하기 위해서 출력전압에 비례하여 제어한다.

그림 3.4는 3상 전압형 인버터의 기본 회로로 스위칭 소자 U, V, … Z를 사이리스터 GTO나 바이폴라 파워트랜지스터, IGBT 등을 쓰면 종래의 사이리스터 회로에서 볼 수 있던 강제 전류(轉流) 회로는 불필요하게 된다. 또한, 파형을 쉽게 그리기 위해 전원의 가상 중성점 O를 나타내고 있지만 실제로는 사용하지 않는다. U상암(U와 X), V상암(V와 Y), W상암(W와 Z)은 서로 120도의 위상차이로 제어된다. 가상중성점 O에 대한 u, v, w 각 점의 전압 V_{u-O}, V_{v-O}, V_{w-O}는 U, V, W가 온 했을 때의 $+E$값을 나타내고 X, Y, Z가 온 했을 때는 $-E$가 된다.

선간전압 V_{u-v}, V_{v-w}, V_{w-u}는 다음 식과 같이 구할 수 있다.

$$V_{u-v} = V_{u-O} - V_{v-O},\ V_{v-w} = V_{v-O} - V_{w-O},\ V_{w-u} = V_{w-O} - V_{u-O} \quad (3.1)$$

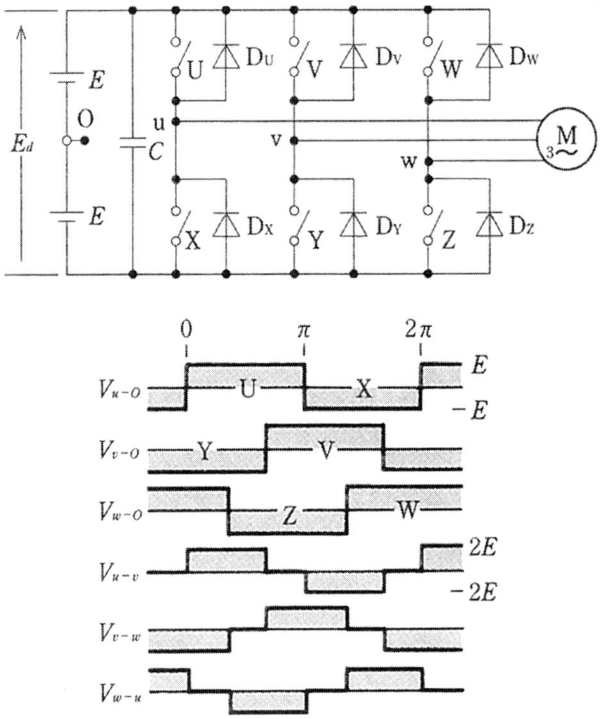

그림 3.4 3상 전압형 인버터의 기본 회로와 출력전압 파형

예제 3.2 그림 3.4에서 상전압을 구하고, 정현파의 지연전류가 흐를 때 각 소자에 어떻게 흐르는지를 검토하시오.

풀이 그림 3.5는 상전압과 스위치 소자 및 다이오드에 흐르는 전류의 관계를 U상에 대해 설명하고 있다. 가상 중성점 O에 대한 u점의 전압은 $0 \sim \pi$의 기간은 $+E$, $\pi \sim 2\pi$의 기간은 $-E$이다. 상전압 V_u에 대해서 보면, 스위치 소자 U만 통전되고 있을 때의 전압과 U와 W, U와 V가 동시에 통전될 때의 전압은 동시에 통전될 때에 전류가 2상으로 나뉘어 흐르므로 2 : 1이 된다. $\pi \sim 2\pi$의 기간에 대해서도 마찬가지로 생각할 수 있다.

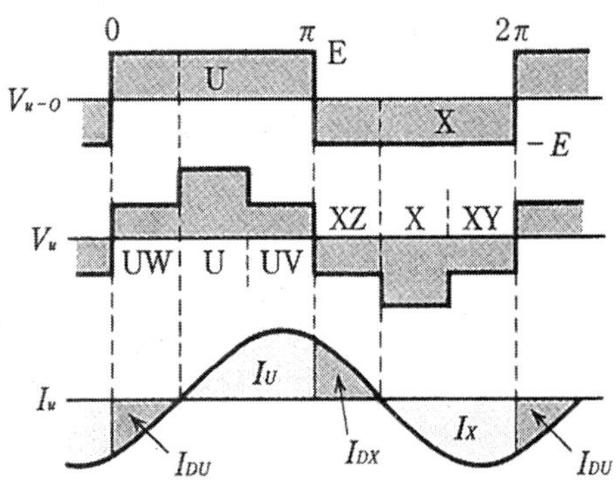

그림 3.5 U상 전압과 각 소자의 전류

상전압 V_u, 선전류 I_u의 관계를 보면, 사이리스터와 다이오드의 전류 분담을 용이하게 구할 수 있다. 즉, 다음과 같이 된다.

$V_u > 0, I_u > 0$: U가 온이 되어, 전류 I_u를 전원에 공급

$V_u < 0, I_u > 0$: D_x에 전류 I_{DX}가 흘러 부하의 전자 에너지를 전원에 회생

$V_u < 0, I_u < 0$: X가 온이 되어, 전류 I_x를 전원에 공급

$V_u > 0, I_u > 0$: D_u에 전류 I_{DU}가 흘러 부하의 전자 에너지를 전원에 회생

전압형 인버터에서는 소자와 다이오드의 작용으로 전류가 2방향으로 흐를 수 있어 전력의 공급과 전자 에너지의 회생이 반복해서 이루어진다.

전자 에너지의 회생은 그림 3.4의 예에서는 직류 전지로 되돌릴 수도 있지만, 정류회로로 직류를 만들고 있을 때는 직류전지에 되돌릴 수 없기 때문에 콘덴서로 되돌려진다.

3.2.2 전류형 인버터

그림 3.6은 전류형 인버터의 일례를 설명하는 것으로, 전류(轉流) 에너지를 부하 측의 전압에 의존하기 때문에 타려식 인버터라고도 불린다.

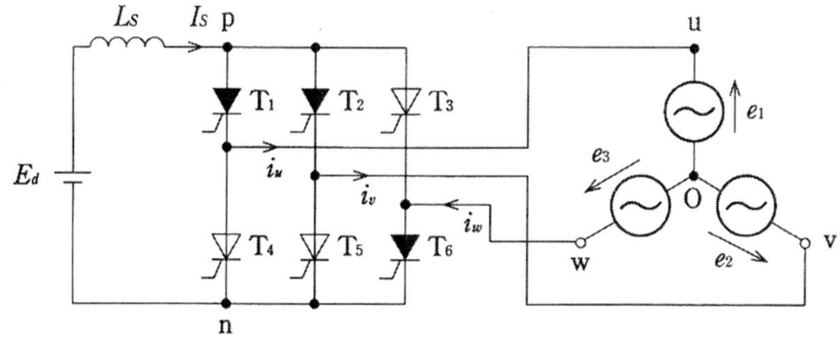

(a) 기본구성

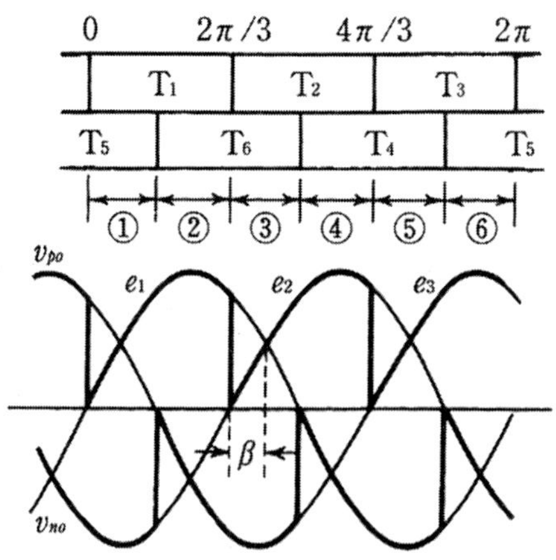

(b) 전압파형

그림 3.6 타려식 인버터의 원리

그림 (a)의 기본 회로는 앞서 언급한 3상 브리지 정류회로와 같다. 전원은 직류이며, 부하는 3상 교류(상용 전원 또는 전동기)이다.

사이리스터 $T_1, T_2, \cdots T_6$는 부하의 전압 e_1, e_2, e_3의 위상에 동기하여 전기각 120도마다 통전한다.

직류 회로에는 충분히 큰 용량성 리액터 L_s가 삽입되어 전류 I_s가 일정치로 되어 있고 부하의 1주기 내에 다음의 6개의 모드가 존재한다.

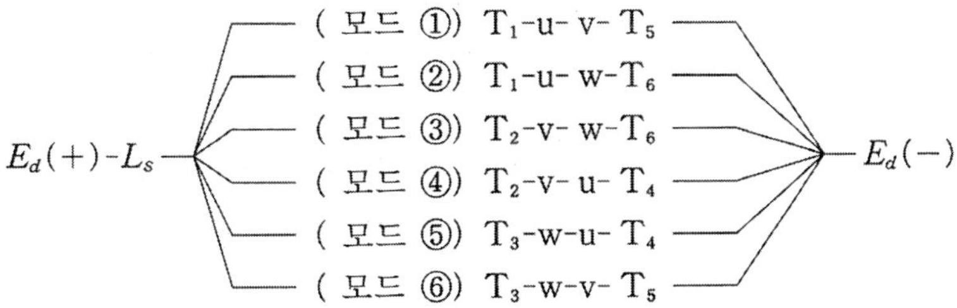

모드 ②로부터 모드 ③으로의 전류(轉流)를 예를 들어, 부하 전압에 의해서 전류(轉流)하는 조건을 생각해보자.

사이리스터 T_1, T_6이 on일 때, T_2에 게이트 신호를 준다. $i_u + i_v = I_s$ 조건을 유지하면서 i_u를 감쇠시켜, i_v가 시작되기 위해서는 T_1에 역바이어스 전압을, T_2에 순방향 전압을 인가한다. 즉, $e_1 > e_2$의 영역에서 T_2를 점호한다.

그림 (b)에서, $e_1 = e_2$의 점부터 β만큼 앞선 위상으로 전류(轉流)하고, β의 사이에 전류(轉流)를 완료시키지 않으면 안 된다. 이 β를 제어 진행각이라고 부른다. 부하에 누설 인덕턴스가 있는 경우는 순간적으로 전류(轉流)을 완료하지 못하고, 중복 기간 u를 거쳐 도통 사이리스터가 T_1으로부터 T_2로 옮겨진다. 중복 기간에서는 $e_u = (e_1 + e_2)/2$가 되어, 외부에서 보면 정류회로의 경우와 같다.

정류회로가 $e_1 < e_2$의 영역, 즉 제어 지연각으로 동작하는 것과 비교하면, 양자의 대응 관계를 잘 이해할 수 있다. α와 β의 사이에는 $\beta = -\alpha$의 관계가 있어 점호위상에 의해서 정류회로로도 인버터로도 되는 것을 나타내고 있다.

예제 3.3 그림 3.6에 대해 $\beta = 30$도로 동작하고 있을 때, 직류 리액터의 뒷부분의 인버터 입력 전압을 구하시오.

풀이 정류회로의 경우와 마찬가지로, 부하의 중성점 O를 기준으로 생각해보자. 이 중성점을 기준으로 하면 +측의 사이리스터 T_1, T_2, T_3가 동작할 때는 직류 측에는 +의 전압 v_{pO}로 나타나고, −측 사이리스터 T_4, T_5, T_6가 동작할 때는 −의 전압 v_{nO}로 나타난다. 인버터의 입력에는 두 전압의 차이 전압 $v_{pn} = v_{pO} - v_{nO}$가 나타난다. $\beta = 30°$일 때 $e_1 = e_2$이므로 왼쪽으로 30도 진행된 위상각으로 전류(轉流)를 하는 것이다. 이와 같은 것을 고려하면 그림 3.7의 파형을 얻을 수 있다. 인버터 동작을 할 때의 제량은 정류회로의 식 (2.14)~(2.20)을 기초로, $\alpha = -\beta, p = 3$으로 하여 구할 수 있다.

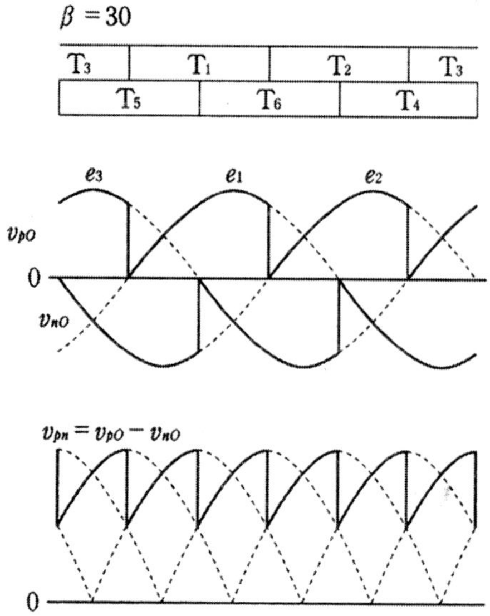

그림 3.7 인버터의 직류전압파형

3.2.3 PWM 인버터

반도체소자를 이용하는 전력변환장치로서는 직류 전원을 이용하는 인버터형과 교류 전원을 이용하는 위상제어형으로 구분된다. 전자에 대해서는 직류 전압을 잘라 교류 전압을 얻기 때문에 출력전압 파형은 구형파 또는 계단파가 되는 것이 일반적으로, 고조파 저감이 요구된다. 한편, 정류기나 다음 절에 설명하는 사이클로 컨버터 등 위상제어형에서는 위상제어에 의한 전원측 역률의 저하 및 고조파의 발생이 문제가 된다.

최근, 대용량화가 진행됨에 따라 설치 대수가 증가하고, 무효전력의 전력 계통에의 영향이 설비 도입의 중요한 체크 포인트가 되고 있다.

여기에서는 고조파가 적은 출력전압을 얻는 펄스폭 변조(PWM) 인버터의 제어법에 대해 알아본다.

전력용 반도체소자의 대용량화와 특성의 향상, 또한 마이크로컴퓨터를 포함한 제어용 소자의 출현과 소프트웨어의 진보에 의해 펄스폭 제어에 의해 임의의 파형을 발생하는 PWM 인버터가 다방면에서 사용되고 있다. 정현파 출력을 얻어 전동기 구동용 전원으로 사용하거나 정전압, 정주파 전원으로 응용되는 것 외에 왜곡된 파형의 전압을 발생할 수 있는 특징을 살려 액티브 필터로 적용되는 경우도 있다.

PWM 인버터의 기본 동작에 대해서 직류 입력 및 정현파 입력에 대한 변조 방법을 설명한다.

1. 직류 입력에 대한 출력전압 그림 3.8은 직류 입력에 대한 PWM 인버터의 기본 동작을 나타낸다. 그림 (a)는 가장 간단한 단상 브리지형 인버터의 구성이다. 암 U, 암 V에서의 상하의 스위치는 한쪽이 항상 온이 되어 있어 점 u 및 점 v는 개방되는 경우는 없다. 그림 (b)가 제어 방식이다.

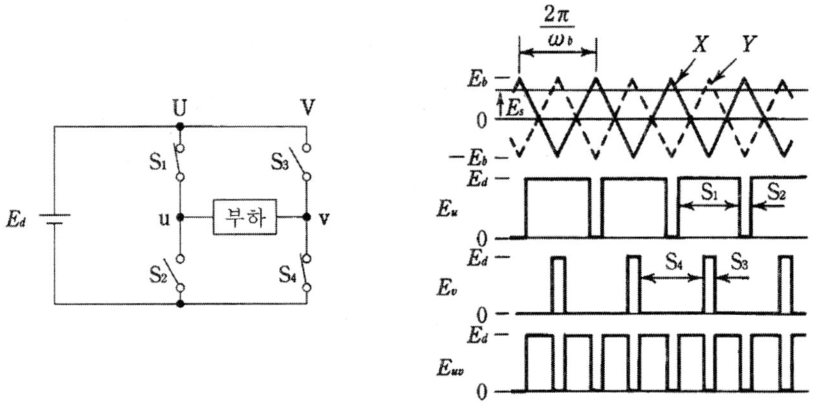

(a) 인버터의 구성 (b) 직류 입력에 대한 출력전압

그림 3.8 PWM 인버터의 기본동작

입력 신호를 $e_s = E_s$로 하면 암 U는 반송파 X와 직류 입력 E_s의 비교에 의해 제어해

$$E_s > X\text{때} : S_1\text{온}, \ S_2\text{오프}$$

$$E_s < X\text{때} : S_1\text{오프}, \ S_2\text{온}$$

와 같이 동작한다. 암 V는 X의 위상을 반전한 반송파 Y와 직류 입력 E_s의 비교에 의해서 제어해

$$E_s > Y\text{때} : S_3\text{오프}, \ S_4\text{온}$$

$$E_s < Y\text{때} : S_3\text{온}, \ S_4\text{오프}$$

와 같이 동작한다.

전원의 −단자에 대한 점 u와 점 v의 전압 E_u, E_v는 그림 (b)와 같이 되어 출력전압 E_{uv}는 E_u와 E_v의 차이로서 나타내진다.

$$E_{uv} = E_u - E_v \tag{3.2}$$

2. 교류 입력에 대한 출력전압 입력 신호 e_s가 정현파의 경우 출력전압 파형을 그림 3.9에 나타내었다. 정현파의 입력이어도 인버터 동작은 같고, 입력신호 e_s를

$$e_s = E_s \sin(\omega_s t + \theta) \tag{3.3}$$

으로 하면, e_s와 X의 교점에서 암 U를 온·오프 제어하여, e_s와 Y와의 교점에서 암 V가 온·오프 제어된다. 예를 들어, 위상 φ_1에 대해서는 S_1온(S_2오프), φ_2에 대해서는 S_3온(S_4오프), φ_3에 대해서는 S_4온(S_3오프), φ_4에 대해서는 S_2온(S_1오프)…가 된다.

출력전압은 반송파의 각 주파수 ω_b와 정현파 입력 신호의 각 주파수 ω_s의 함수가 되어, $E_{uv}(\omega_s t, \omega_b t)$로 나타내진다.

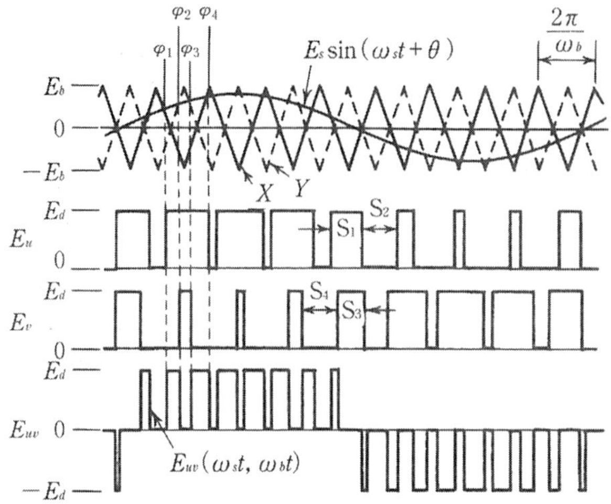

그림 3.9 정현파 교류입력에 대한 출력전압

예제 3.4 그림 3.10은 단상 하프 브리지라고 하는 인버터 회로의 하나이다. 직류 전원이 2분할되어 있어 전원의 가상 중성점 O와 트랜지스터 Q_1, Q_2의 접속점 U 사이에 부하가 접속되어 있다. 구형파의 입력신호와 삼각파의 반송파 신호를 받아 변조될 때, 부하의 단자전압은 어떻게 될까? 또, 입력 신호가 정현파의 경우에 대해서도 그려보시오.

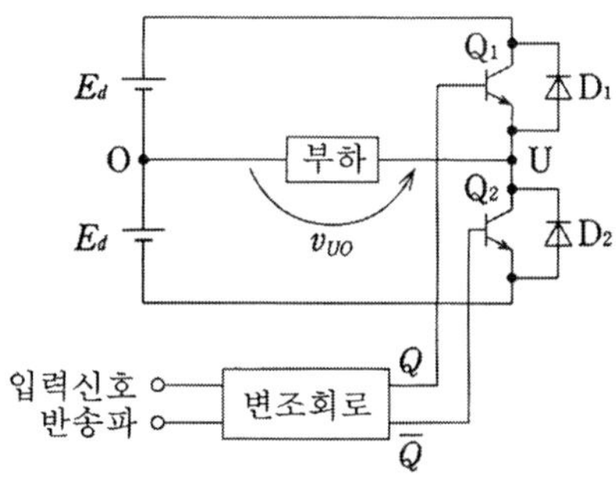

그림 3.10 단상 하프 브리지 인버터

풀이 그림 3.8과 다른 것은 암이 하나 뿐인 것과 출력전압의 기준을 취하는 방법이다. 이 예제에서는 기준이 전원의 가상 중성점이 되어 있으므로

입력신호 > 반송파일 때, Q_1이 온(Q_2가 오프), 따라서 $v_{UO} = +E_d$

입력신호 < 반송파일 때, Q_2가 온(Q_1이 오프), 따라서 $v_{UO} = -E_d$

이것을 고려해, 그리면 그림 3.11을 얻을 수 있다.

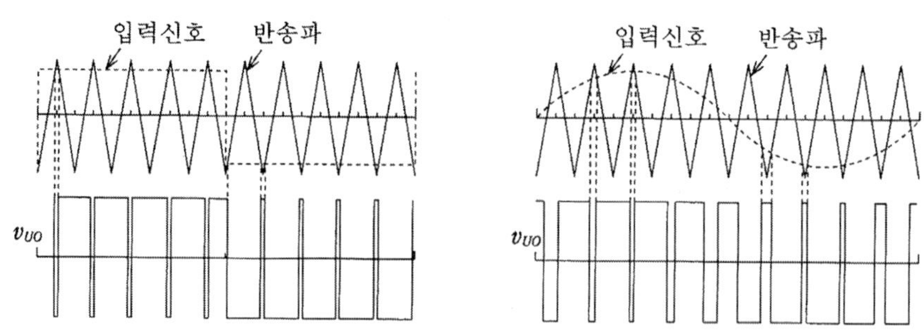

(a) 입력신호가 구형파일 때　　(b) 입력신호가 정현파일 때

그림 3.11 풀 브리지 인버터의 PWM 제어파형

3.3 사이클로 컨버터

3.3.1 사이클로 컨버터의 기초[2)]

사이클로 컨버터는 회생 가능한 2개의 정류회로를 역병렬 접속하여 구현된다.

교류의 출력 전류를 흘리기 위해, 한쪽을 정측 컨버터, 한쪽을 부측 컨버터라고 부르도록 한다.

그림 3.12는 3상 전원 R, S, T에서 단상 부하 Z_L에 교류를 공급하기 위한 사이클로 컨버터, 그림 (a)는 3펄스식, 그림 (b)는 6펄스식의 경우이다. 펄스수란 전원 1주기 내에서의 전류(轉流)의 횟수이며, 상수와는 반드시 일치하지 않는다. 그림 (a)의 경우는 3상 반파로 120도 마다 전류(轉流)가 일어나므로 3펄스, 그림 (b)의 경우는 3상 전파이므로 6펄스이다.

그림 (a)에서 사이리스터 T_1, T_2, T_3는 정측 컨버터, T_4, T_5, T_6가 부측 컨버터라 한다. 부하는 전원의 중성점 O와 컨버터의 공통 모선 O′사이에 접속된다. 또 그림 (b)는 3상 브리지 구성의 전파 정류회로를 기본으로 하여 $T_1, T_2 \cdots T_6$가 정측 컨버터, $T_7, T_8 \cdots T_{12}$가 부측 컨버터이다. 부하 Z_L은 두 개의 컨버터의 접속 모선 사이에 접속된다. 정측, 부측의 컨버터의 동작을 그림 3.2에 대비시키면서 설명하면 다음과 같이 된다.

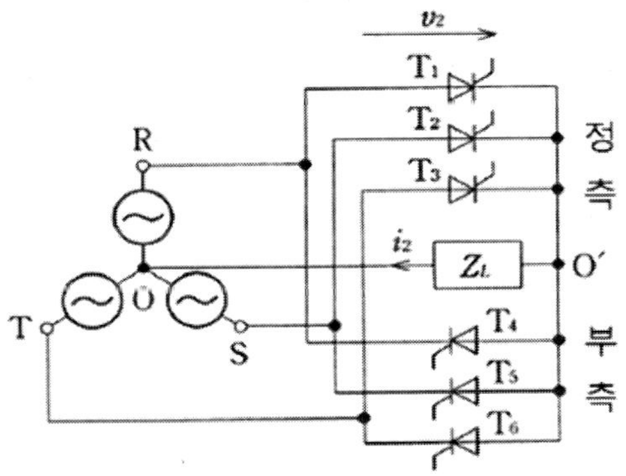

(a) 3펄스 사이클로 컨버터

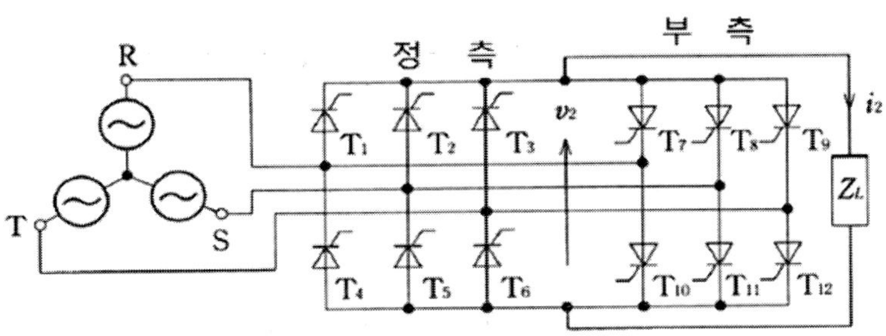

(b) 6펄스 사이클로 컨버터

그림 3.12 사이클로 컨버터의 기본구성

영역 ① 정측 컨버터에 의해, $v_2 > 0$의 전압을 발생하면서 부하 전류 $i_2(>0)$를 흘려, 부하에 전력을 공급한다.

영역 ④ 정측 컨버터의 위상제어에 의해, $v_2 < 0$의 전압을 발생시킨다.
부하의 무효전력을 전원에 회생하면서 부하 전류를 감쇠시킨다

영역 ③ 부측 컨버터에 의해, $v_2 < 0$의 전압을 발생시켜, 부하 전류 i_2를 ①과 역방향으로 흘려, 부하에 전력을 공급한다.

영역 ② 부측 컨버터의 위상제어에 의해, $v_2 > 0$의 전압을 발생시킨다.
부하의 무효전력을 전원에 회생하면서 부하 전류를 감쇠시킨다.

이상과 같이 사이클로 컨버터는 양방향에 에너지를 전달할 수 있으므로, 일반의 교류 전원과 같은 특성을 가진다. 사이리스터는 모두 전원 전류(轉流)로 수행되어 정류 동작 때는 제어 지연각 α를 $0° < \alpha < 90°$의 범위, 인버터 동작 때는 $90° < \alpha < 180°$의 사이에서 연속적으로 α가 제어된다.

일반적인 6펄스 사이클로 컨버터의 위상제어법에 대해 그림 3.13을 이용해 설명하자. e_{TS}, e_{RS}는 각각 TS, RS 사이의 선간전압을 나타내고, $e_{\overline{RS}}$ 는 두 개의 선간전압으로부터 만든 기준 전압으로 e_{TS}, e_{RS}의 중간 위상에 있다. e_{TS}로부터 e_{RS}에의 전류는 정측 컨버터에 대해 위상제어 입력 e_C와 기준 전압 $e_{\overline{RS}}$의 오른쪽아래 영역의 교점 α_P에서 행해진다. 정측, 부측의 컨버터는 p상 정류회로라고 한다. 정측 컨버터의 평균 출력전압 V_P는 식 (2.17)에서부터 다음식으로 나타내진다. 전원의 내부 리액턴스는 작고, 중복 기간 u는 제로로 간주해 기술한다.

$$\left.\begin{aligned} V_p &= E_{d0}\cos\alpha_P \\ E_{d0} &= \sqrt{2}\,E(p/\pi)\sin(\pi/p) \end{aligned}\right\} \qquad (3.4)$$

여기서, α_P의 원점은 점 A를 기준으로 한 위상각이다.

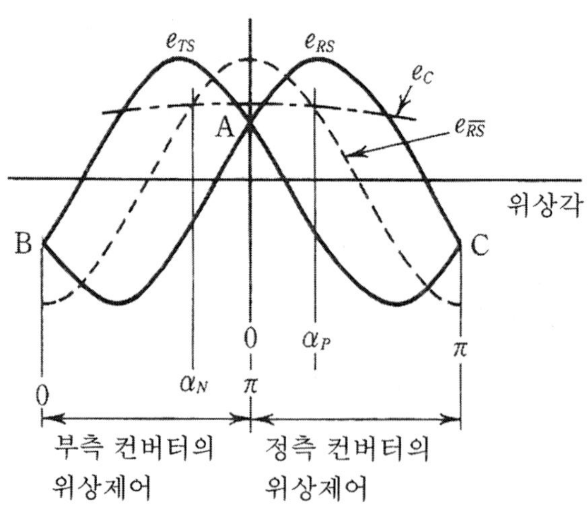

그림 3.13 사이클로 컨버터의 위상제어 범위

부측 컨버터의 제어는 정측 컨버터와 반대로 접속되고 있기 때문에 점 A에 대해서 π만큼 진행된 점 B를 위상각 α_N의 원점으로 한다. 부측 컨버터의 제어는 위상제어 입력 e_C와 기준 전압 $e_{\overline{RS}}$의 왼쪽 윗 영역의 교점 α_N에서 행해진다. V_N는 다음 식과 같이 나타내진다.

$$V_N = -E_{d0}\cos\alpha_N \tag{3.5}$$

정측과 부측이 같은 전압을 발생할 때를 $V_P = V_N$으로 두면

$$\alpha_N = \pi - \alpha_P \tag{3.6}$$

가 된다. 그림으로부터 기준 전압 $e_{\overline{RS}}$ 와 위상제어 입력 e_C의 두 개의 교점의 관계를 알 수 있다.

정측, 부측 컨버터를 완전히 개별적으로 작동시켜 논의하는 경우는 정측에서는 점 A, 부측에서는 점 B를 위상각의 원점이라고 한다 해도 상관없지만, 양자를 공통의 기준으로 논의하려면, 원점은 점 A 또는 점 B의 어딘가에 통일시키는 편이 논의하기 쉽다. α_N의 기준을 α_P와 같이 점 A로 잡고, α_P와는 반대로 계측하여 진행각 β를 취하면

$$\beta = -\alpha_P \tag{3.7}$$

$$V_N = -E_{d0}\cos\alpha_N = -E_{d0}\cos(\pi+\beta) = E_{d0}\cos\beta \tag{3.8}$$

가 된다. 이것은 정측 컨버터에 대해 지연각을 α로 제어했을 때와 부측 컨버터를 진행각 β로 제어했을 때에, α와 β의 값이 동일하면, 정측, 부측 컨버터가 같은 전압을 출력하는 것을 의미한다. $\alpha_P = \alpha$와 같이 두면, 식 (3.4)와 식 (3.8)은 통일해서 나음과 같이 나타낼 수 있다.

$$V_P = V_N = E_{d0}\cos\alpha \tag{3.9}$$

여기서, 그림 3.12의 사이클로 컨버터에 대해서, α로서

$$\cos\alpha = kE_{d0}\cos\omega_0 t \tag{3.10}$$

를 만족하도록 α를 선택하면, 출력전압 v_2는 진폭 kE_{d0}, 주파수 ω_0의 교류가 된다. 전류 i_2도 교류가 되지만, v_2와 i_2의 위상차이는 부하의 역률각에 의해서 정해진다.

이상이 사이클로 컨버터의 원리이다.

3.3.2 비순환 전류 방식과 순환 전류 방식[3),4)]

그림 3.14는 사이클로 컨버터의 구성과 6-펄스 사이클로 컨버터의 점호제어 방식을 나타낸다. 그림 (a)에서는 두 개의 컨버터가 두 개의 사이리스터의 기호로 그려져 있다.

그림 (b)는 정측 컨버터, 그림 (c)는 부측 컨버터의 점호제어법이다. 전원 전압 TS, RS, RT, ST, SR, TR 보다 π/p(본 예에서는 $p=6$)만큼 위상이 진행된 기준 전원 $\overline{TS}$, $\overline{RS}$, $\overline{RT}$, $\overline{ST}$, $\overline{SR}$, $\overline{TR}$와 위상제어 입력(전압 지령) e_C와의 교점에서 π/p만큼 늦은 전압으로 전류(轉流)가 일어난다. 예를 들어, e_C와 $\overline{RS}$와의 교점에서 출력전압은 TS로부터 RS로 옮긴다. 정측 컨버터의 경우에는 $\overline{RS}$의 오른쪽 아래 180° 구간, 부측 컨버터의 경우에는 $\overline{RS}$의 왼쪽 위 180° 구간과의

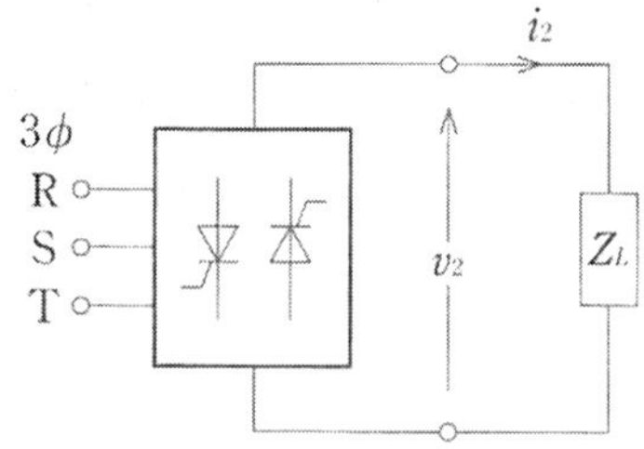

(a) 역병렬 컨버터

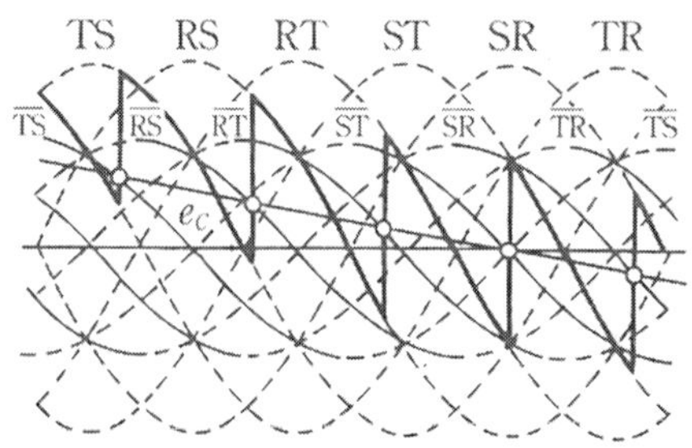

(b) 정측 컨버터 v_p

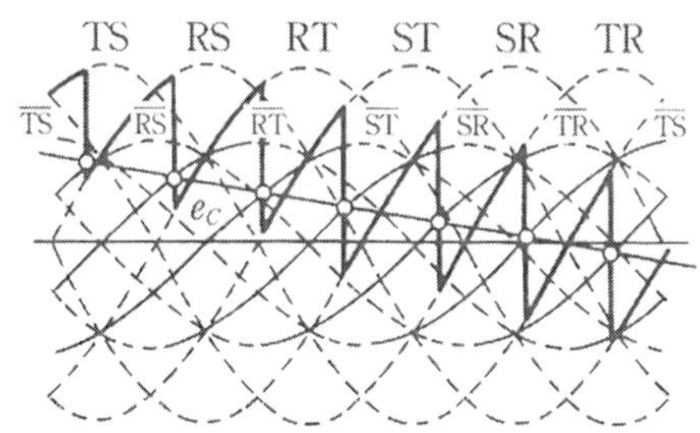

(c) 부측 컨버터 v_n

그림 3.14 6-펄스 사이클로 컨버터의 점호제어

교점에서 전류가 일어난다. 따라서 그림 (b), (c)에서 알 수 있듯이 전류(轉流) 시마다 전압의 점프가 있어 정측 컨버터의 경우에는 보다 높은 전압으로, 부측 컨버터의 경우에는 보다 낮은 전압으로 점프를 한다.

비순환 전류 방식으로 불리는 사이클로 컨버터는 부하 전류의 극성에 따라 정측 또는 부측 컨버터 하나만 동작하므로, 정부 컨버터 사이에 순환 전류는 흐르지 않는다. 직류 리액터도 불필요하다. 출력 전압은 그림 (b)의 v_p 또는 그림 (c)의 v_n이 그대로 나타나 반사이클을 그리고 그림 3.15와 같이 된다. 전류가 양에서 음, 또는 음에서 양으로 반전될 때 일정한 전류 휴지기간을 두어 전환되기 때문에 전류 극성 검출기가 필요하다.

반면 순환 전류 방식 사이클로 컨버터는 정측 컨버터와 부측 컨버터가 상시 동작하고 있다. 정측 컨버터와 부측 컨버터에 같은 전압 지령 e_C를 주면 평균치는 식 (3.9)에서 나타낸 바와 같이 서로 같아진다.

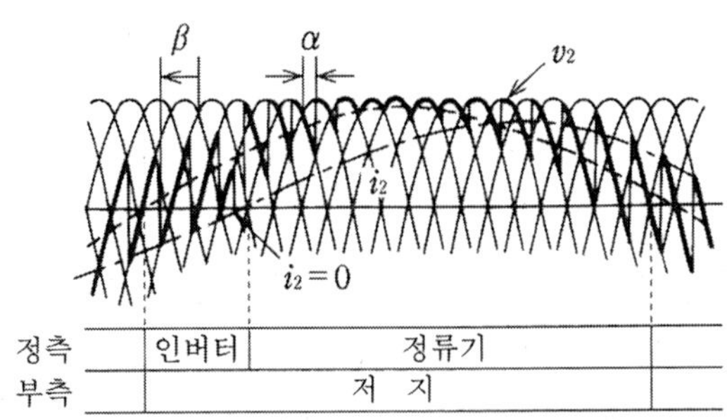

그림 3.15 비순환 전류 방식 사이클로 컨버터의 출력전압, 전류 파형

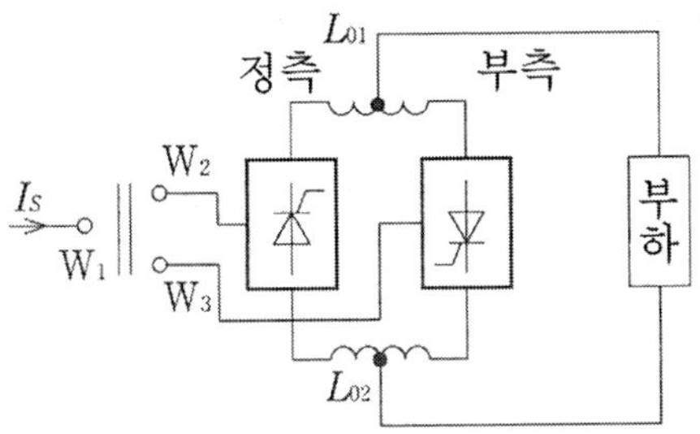

(a) 기본 회로(6-펄스)

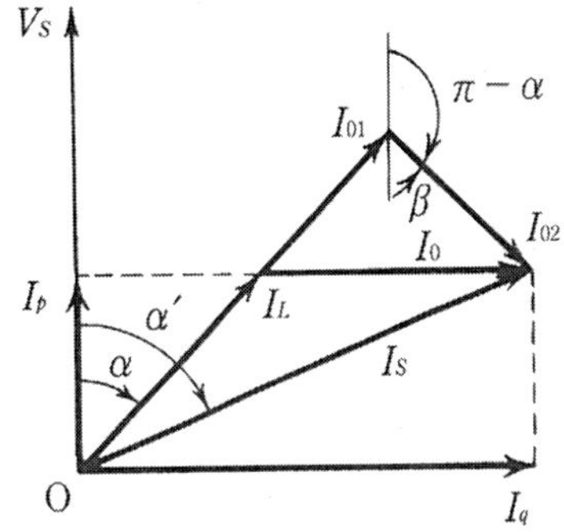

(b) 벡터도

그림 3.16 순환 전류 방식 사이클로 컨버터의 기본 회로와 벡터도

그러나 순시치로 보면 정측의 출력전압 v_p는 그림 3.14(b)로부터 알 수 있듯이 전압 파형은 오른쪽 아래의 전압으로 전류된다. 또한, 부측의 출력전압 v_n은 그림 (c)에 나타나듯이 오른쪽 위의 전압 파형을 나타내고 있다. 순환 전류 방식 사이클로 컨버터는 그림 3.16(a)에 일례로 나타내었듯이 이 v_p와 v_n의 차이 전압을 흡수하기 위해서 정·부 양컨버터의 스위치에 중간 탭 부착 직류 리액터 L_{01}, L_{02}를 접속한다.

정측과 부측의 컨버터는 각각 변압기의 2차 코일 W_2, W_3 에 접속되고 부하는 리액터 L_{01}, L_{02}의 중간 탭에 접속된다. 그림은 1상분만을 나타내고 있고 3상 부하에 대해서는 같은 구성이 3세트 필요하다. 순환 전류 방식에 있어서의 출력전압은 정측과 부하의 컨버터가 항상 동작하고 있으므로 v_p와 v_n의 평균치가 출력된다.

$$v_2 = \frac{v_p + v_n}{2}$$

그림 3.17에 반사이클로를 나타내고 있지만 v_p의 오른쪽 아래의 전압과 v_n의 오른쪽 위의 전압이 평균화되므로 펄스상 전압을 합성한 형태가 된다.

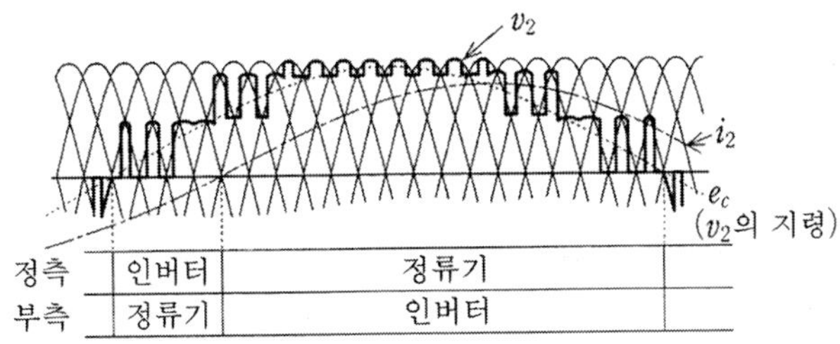

그림 3.17 순환 전류 방식 사이클로 컨버터의 출력전압, 전류 파형

순환 전류 방식 그림 3.16의 무효전력에 대해 약간 설명을 하자. 그림 (b)는 변압기의 1차 측에서 본 전압과 전류의 벡터 관계이다. 기준은 전원 전압 V_s이다. 정측 컨버터에 부하 전류 I_L 이 흐르고 있을 때, I_L은 V_s에 대해서 제어각 α만큼 늦어 있다. 정측 컨버터는 부하 전류 I_L외에 순환 전류 I_{01}을 흘리고 있어 I_{01}의 위상은 I_L과 동상이다. 부측 컨버터는 정측과 거의 같은 전압을 발생해 순환 전류 I_{02}만을 흘리고 있다. I_{02}는 전원 전압 V_s에 대해서 $\pi-\alpha$의 각도를 이루고, 그 절대치는 I_{01}과 서로 같다. I_{01}과 I_{02}의 합성 전류가 I_0이다. 결국, 변압기의 1차 측에서 보면 I_L과 I_0를 합성한 전류 I_s가 관측된다. 순환 전류 I_0는 정측 컨버터로부터 입력되어 부측 컨버터로부터 전원으로 회생되는 무효 전류이므로 V_s와 I_s의 위상각 α'는 α보다 커져 역률이 저하한다. 순환 전류 방식은 비순환 전류 방식에 비해 역률이 낮기 때문에 실용성이 없어서 오랫동안 이용되지 않았지만 무효전력 보상법이 개발되어 널리 사용되게 되었다.

3.3.3 정전류 3-펄스 사이클로 컨버터

이 사이클로 컨버터는 그림 3.12(a)의 3-펄스 사이클로 컨버터 3세트를 U상부하용, V상부하용, W상부하용으로서 마련해 전원 R, S, T상 단자에는 리액터 L_s를 접속하고 전동기의 전기자코일 U, V, W를 각각 정측 컨버터와 부측 컨버터의 공통 모선점에 접속한 것이라고 생각할 수 있다. 그림 3.18은 그 일례로 3상 교류 전원 R, S, T, 6코일을 가지는 직류 리액터, 사이리스터 18개, 전동기 MS(단자 U, V, W)로 구성된다.

직류 리액터 L_s의 6권선은 일정 부하 때 전류(轉流)에 따라 자속이 변화하지 않게 공통 권선에 감겨져 있어 전류형 사이클로 컨버터라고도 한다.

제4장에서 언급하는 무정류자 전동기의 경우와 같이 역기전력을 발생하는 부하를 사이클로 컨버터의 출력에 접속하면 전원 전류와 부하 전류를 병용할 수 있다. 기능적으로 보면 3상 브리지 정류회로와 그림 3.6의 전류형 인버터를 3상 전원의 위상에 맞추어 여러 개 배치한 것이라고 생각할 수도 있다.

예를 들어, R상으로부터 S상으로 전류가 흐르는 모드를 생각하면 사이리스터 RUP, RVP, RWP, SUN, SVN, SWN은 전류형 인버터로서 β영역에서 동작한다. 한편, 부하 전류가 U상으로부터 V상으로 흐르고 있는 상태로 생각하면 사이리스터 RUP, SUP, TUP, RVN, SVN, TVN가 3상 정류회로로 α영역에서 동작한다. 사이리스터에 붙인 기호는 다음과 같은 의미를 가지고 있다.

사이리스터 RUP, RUN에 대해 설명하면

제1문자 R : 전원의 R상에 접속되고 있는 것을 의미한다.

제2문자 U : 전기자코일의 U상에 접속되고 있는 것을 의미한다.

제3문자 P : 모선의 정측에 접속되고 있는 것을 의미한다.

제3문자 N : 모선의 부측에 접속되고 있는 것을 의미한다.

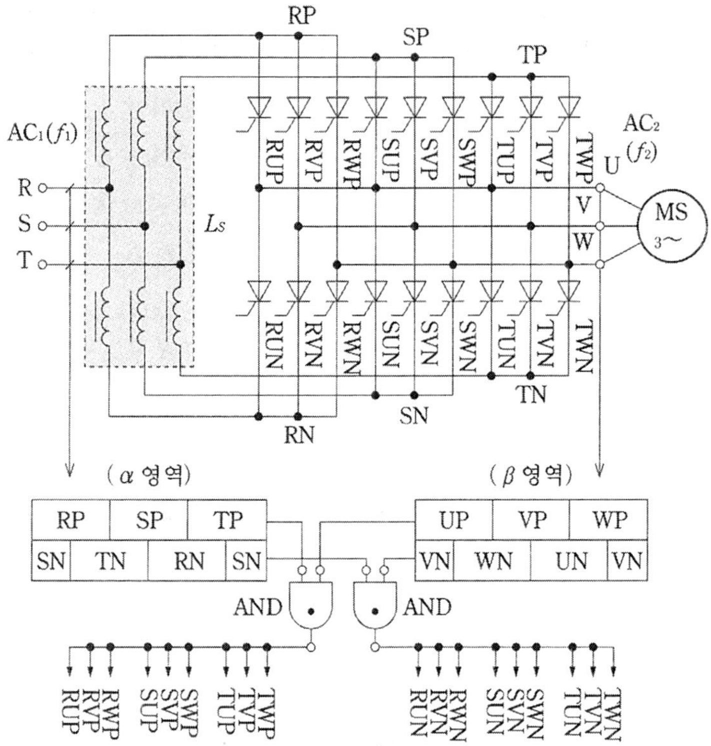

그림 3.18 전전류 3-펄스 사이클로 컨버터

게이트 신호는 그림에 나타내었듯이 전원 측의 제어 지연각을 주는 신호와 부하 측의 제어 진행각을 주는 신호의 논리곱에 의해서 얻을 수 있다. 예를 들어 논리곱을 ×표로 적으면, 다음과 같이 만들어진다.

RP×UP → 사이리스터 RUP에, RN×WN → 사이리스터 RWN에, …

정측 사이리스터와 부측 사이리스터는 각각 다른 논리 회로로 연산되므로 그림과 같이 합계 18개의 게이트 신호를 얻을 수 있다.

일반적으로 저속영역은 $\beta=0$으로 전원 전류만으로 운전되고 고속영역에서는 β를 60° 정도로 설정해 전원 전류와 부하 전류를 병용하므로 고주파에서의 동작도 쉽게 수행된다. 부하의 전압은 α 제어에 의해 이루어지고 회생 제동의 동작은 α를 90° 이상으로 변경하는 정류기의 동작과 같다.

예제 3.5 다음 두 조건에서 전원 사이리스터 전기자코일의 결선을 추출하여 다음 그림으로부터 전원 전류(轉流)와 부하 전류(轉流)를 설명하라.

(1) 전기자코일에 U상으로부터 V상에 흐르고 있을 때 전원 측에서 R상으로부터 S상에 전원 전류(轉流)가 이루어지지 않을 때

(2) 전원 측에서 R상으로부터 S상에 흐르고 있을 때, 부하 측에서 U-W상으로부터 V-W상에 부하 전류(轉流)를 할 때

풀이 (1) 회로 구성을 간략화하면 그림 3.19와 같이 된다. 사이리스터 RUP와 TVN이 on 돼서 전기자 전류가 U상으로부터 V상에 흐르고 있는 상태이다. 이때, 제어 지연각에 대해 사이리스터 SUP로 게이트 신호가 주어지면 사이리스터 RUP와 SUP는 동시에 온 상태가 되어 중복 기간이 된다. 이 모드에서는 사이리스터 RUP에는 전원 전압에 의해 $e_S - e_R$의 역바이어스 전압이 인가되어 중복 기간 u의 사이에 RUP의 전류가 $i_u \to 0$이 되고 SUP의 전류가 $0 \to i_u$로 확립해 전류(轉流)가 완료한다.

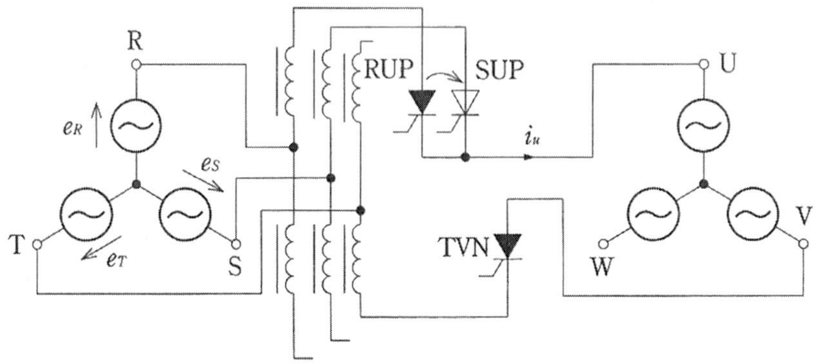

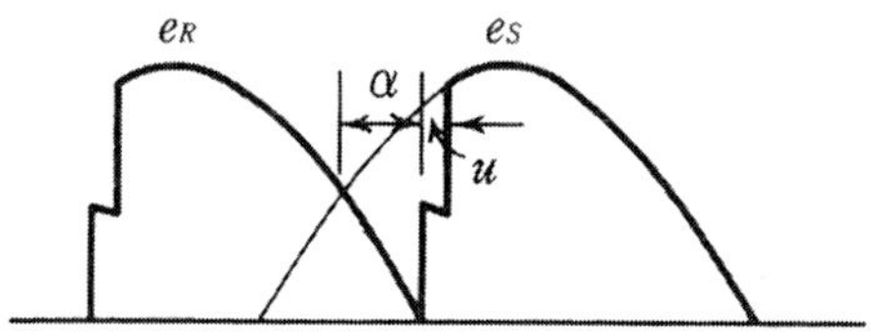

그림 3.19 전원 전류의 예

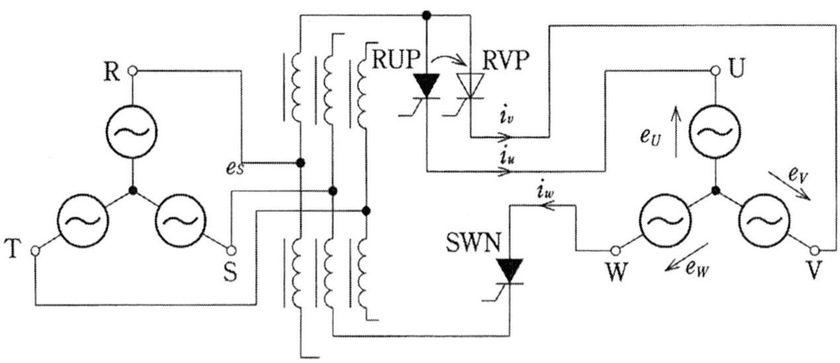

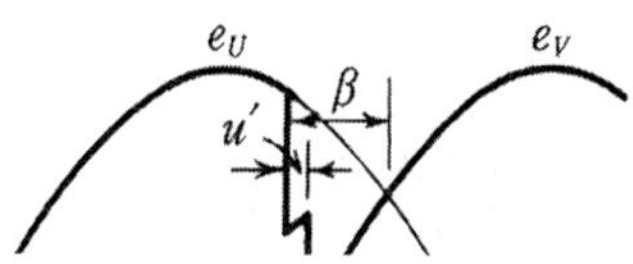

그림 3.20 부하 전류의 예

(2) 예제에서 부하 전류(轉流)는 그림 3.20과 같이 된다. 사이리스터 RUP와 SWN이 온 상태가 되어서 전기자 권선의 U상으로부터 W상에 전기자 전류가 흐르고 있는 상태이다. 여기서 전기자전류를 U상으로부터 V상에 전류(轉流)가 되는 것을 생각해보자. 부하 측에서는 β영역(진행각의 영역)에서 사이리스터 RVP에 게이트 신호가 주어진다. 전류(轉流) 직전의 사이리스터 RUP의 전류 i_u는 $i_u = i_w$이지만, RVP가 온 되면 $e_U - e_V$의 역바이어스 전압을 받아 감쇠한다. 중복 기간 u'가 경과하면, $i_\mu = 0$이 되어 사이리스터 RVP의 전류 i_v는 $i_v = i_w$가 되어 전류(轉流)가 완료된다.

중복 기간 u는 전원 측의 누설 인덕턴스로 결정되고, u'는 부하 측의 누설 인덕턴스로 정해진다.

동기전동기의 구동

이 장의 목적

1. 동기기와 직류기의 유사성을 이해한다.
2. 동기기를 이용해 직류기와 동등한 운전을 실현하려면 계자의 위치를 검출할 필요가 있는 것을 이해한다.
3. 타려식 인버터의 연장상에 있는 무정류자 전동기의 원리를 이해해 사이리스터의 전류에 진행각 β가 필요한 것을 설명할 수 있다.
4. 직류기와 등가인 동기기의 구동은 PWM 인버터 또는 사이클로 컨버터에 의한 정현파 전류 구동에 의해서 실현되는 것을 이해한다.

예제 4.1 교류기인 동기기는 계자와 전기자를 가져 직류기와 유사점이 많다. 동기전동기와 직류전동기의 구조 및 원리에 대해 비교하면서 설명하라.

풀이 (1) **구조와 동작 원리** : 그림 4.1과 같이 코일 a b c d를 자극 N, S의 사이에 회전시키면 도체 a b와 c d에 기전력이 생긴다. 코일단 a d에서 보면 그 크기는 도체 a b에 생기는 기전력의 2배가 되어 나타난다.

이 합성된 기전력을 외부에서 이용하기 위해서 1, 2와 같은 슬립링이라고 하는 금속환에 코일의 a단과 d단을 슬립링에 연결해 브러시 B_1, B_2를 통해 접촉하고 있는 것을 생각해보자. 도체 a b가 S극 아래에 있는 경우와 N극 아래에 있는 경우는 브러시 B_1, B_2 간의 전압의 방향이 반대로 되므로 교류 전압을 얻을 수 있다. 이 교류 전압에 대해서 주파수가 같고 위상도 같은 전류(예를 들어 파선과 같은 구형파)를 외부로부터 공급해 주면 교류전동기가 된다. 외부로부터 공급되는 전류는 기전력과 동상인 것이 가장 바람직하고 주파수가 차이가 나면 계속해 토크를 발생할 수 없다.

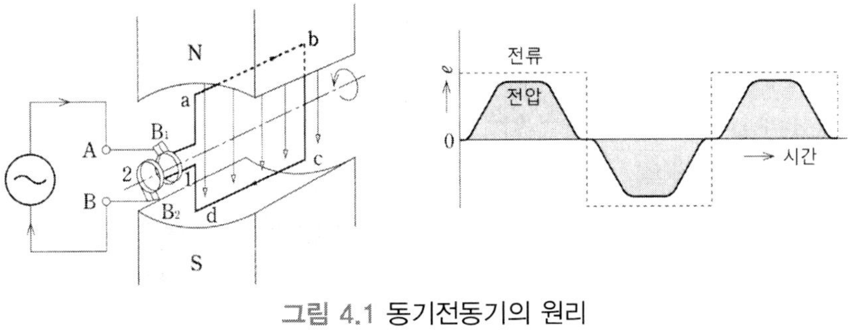

그림 4.1 동기전동기의 원리

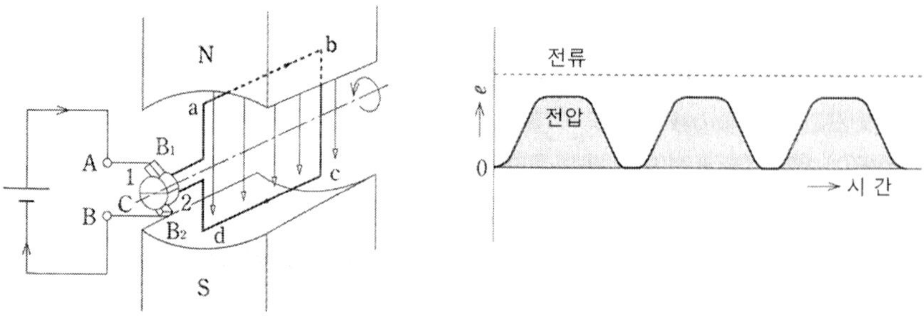

그림 4.2 직류전동기의 원리

그림 4.2와 같이 도체 a b와 c d의 각각 접속한 두 개의 동편 1, 2를 원통 C 위에 서로 절연하여 조립, 여기에 정리한 브러시 B_1, B_2를 접촉시킨다. 이렇게 하면 코일이 회전해도 브러시 B_1에는 항상 위에 있는 도체가 접속되고, 브러시 B_2에는 항상 아래에 있는 도체가 접속되어 브러시 B_1, B_2에는 직류 전압이 나타난다. 코일로 생긴 교류를 직류로 변환하는 작용을 정류라 하고, C를 정류자, 각 동편을 정류자편이라고 한다. 브러시 B_1, B_2에는 직류 전압이 나타나므로 외부 전원으로부터 기전력에 반대방향으로 그림의 점선과 같은 직류 전류를 건다. 이것이 직류전동기의 원리이다. 직류전동기에는 주파수라고 하는 개념이 없을 것 같지만 그것은 외부의 전원으로 보았을 경우이다. 코일 단위로 보면 전압과 전류는 교류가 되어 있어 앞에서 본 교류전동기와 다를 바 없다. 교류전동기가 외부의 전원으로 교류를 만들고 있는 데 반해 직류전동기에서는 브러시와 정류자가 교류를 만들고 있는 것이다.

(2) **실제의 유도기전력** : 직류전동기와 교류전동기의 원리는 위와 같지만 실제로 사용되고 있는 전동기는 오랜 경험을 바탕으로 많은 개선이 이루어지고 있다. 그림 4.2의 직류전동기에서는 직류에서도 맥동이 크기 때문에 앞서 이야기한 a b c d와 같은 코일을 원주상에 다수 분포시켜 배열해 각각 정류자편을 단다. 이와 같이 다수의 코일과 정류자편을 이용해 브러시 사이에서 회전자가 회전할 때, 각 코일의 기전력이 항상 합성된 형태로 발생하도록 구성한다. 브러시 사이에 얻을 수 있는 합성 전압은 그림 4.3(a)와 같이 맥동이 작아지며 이러한 코일의 집합을 전기자 권선이라고 한다. 전기자 권선법의 개선으로 브러시 사이에는 일정한 직류 전압을 얻을 수 있으므로 이 기전력과 반대로 외부로부터 직류 전류를 흘려 토크 맥동이 적은 직류전동기를 얻을 수 있다.

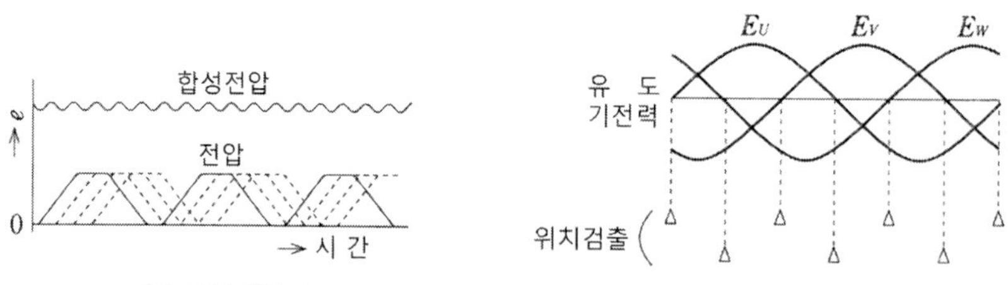

(a) 직류전동기 (b) 동기전동기

그림 4.3 실제의 유도기전력

그림 4.1은 슬립링으로부터 이른바 단상 교류를 얻을 수 있는 경우를 설명하고 있지만 일반적으로는 교류라고 하면 3상이 사용되는 것이 많다. 이 경우는 코일 a b c d를 두 개 더 사용해 원주상에 120° 간격으로 배열한다. 결과적으로 슬립링은 6개 필요하게 되지만 슬립링에 달기 전에 3개의 코일의 한쪽 단자를 내부에서 묶고 한쪽 단자만을 꺼내면 3개의 슬립링으로 해결된다. 이것이 3상 결선이다. 상전압을 E_u, E_v, E_w로 하고 전압 파형을 정현파로 하면 그림 4.3(b)와 같이 된다. 이러한 상전압의 파형을 얻을 때, 외부로부터 전압과 같은 위상의 전류 i_u, i_v, i_w를 흘려 넣으면 토크 맥동이 작은 교류전동기를 얻을 수 있다. 전압과 같은 위상의 전류를 흘리기 위해서 전압의 위상을 검출하는 위치 검출이 필요하게 된다.
이것이 교류전동기의 원리이며 직류를 포함한 넓은 주파수의 범위에서 정현파 전류파형을 어떻게 해서 실현시킬 것인가가 중요한 연구과제이다.

4.1 저토크 시동, 정격 주파수 운전

동기전동기는 지금까지 일정한 주파수에서 구동되는 것으로 가정했지만 최근에는 전력 전자의 가변 주파수(VVVF) 전원과 함께 다양한 속도로 운전할 수 있게 되었다. 극쌍수 p의 동기전동기에 주파수 f의 교류 전압을 인가하면 전기자코일이 만드는 회전 자계는 동기 속도 n_0[rpm]로 회전한다.

$$n_0 = \frac{60f}{p} \tag{4.1}$$

동기전동기의 속도를 바꿀 때는 주파수 f를 조정하여 제어하지만 그 주파수를 결정할 때, 단순히 외부 전원에 동기시키는 개루프 제어 방식과 회전자의 위상을 피드백하는 폐루프 제어 방식이 있다. 전자는 타제식, 후자는 자제식이라고 하고 그 구성은 그림 4.4와 같이 된다. 자제식은 일반적으로 무정류자 전동기로 불리고 있고 4.2절에서 상술하므로 여기에서는 주로 타제식에 대해 알아본다.

동기전동기에 관해 깊게 이해하기 위해서 그림 4.5의 1상분에 대한 벡터도를 설명한다. 그림 (a)는 등가회로다. 동기전동기가 무부하로 운전되고 있을 때는 그림 (b)에 나타내었듯이 공급 전압 V_u와 동기전동기의 역기전력 E_{u0}'가 서로 상쇄되어 회로에는 전류가 거의 흐르지 않는다. 동기기의 유도기전력 E_{u0}는 계자자속 ϕ_0에 대해 90° 늦은 위상으로 발생하지만 발전기에서 전기자전류는

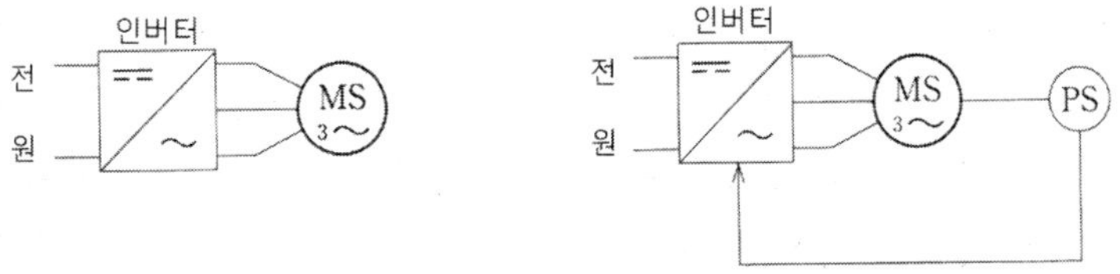

(a) 타제식 (b) 자제식

그림 4.4 동기전동기의 제어 방식

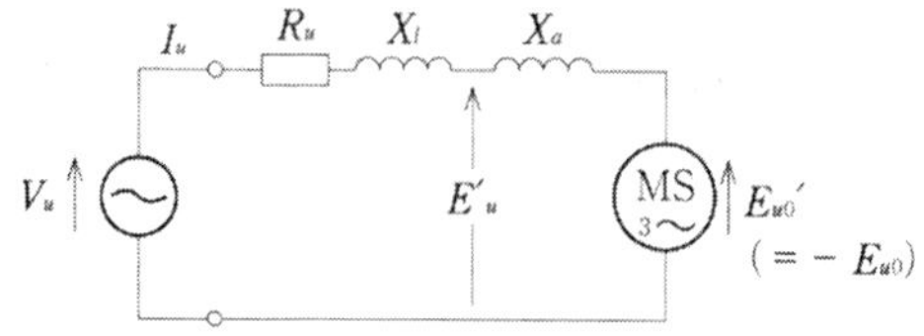

(a) 등가회로

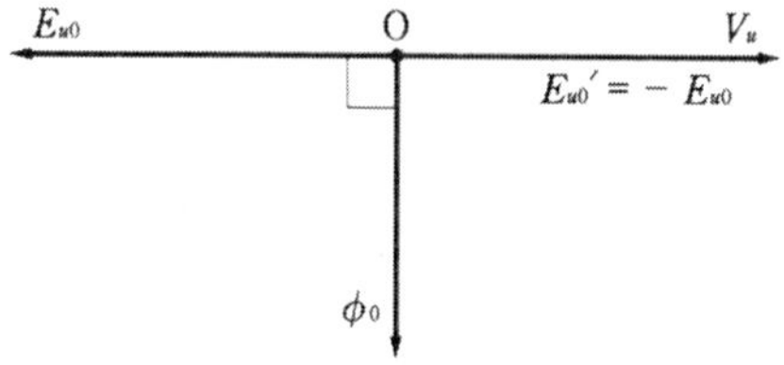

(b) 무부하시의 벡터도

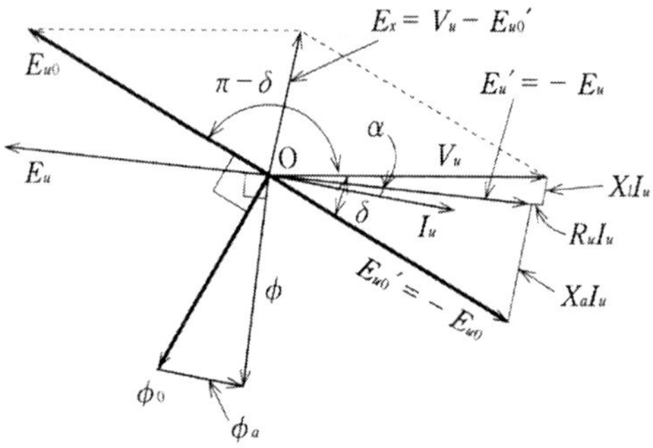

(c) 부하시의 벡터도

그림 4.5 동기전동기의 등가회로와 벡터도

전기자전류는 유도기전력 E_{u0}와 거의 같은 위상이 되지만 전동기에서 전기자전류는 유도기전력 E_{u0}와 180° 정도의 위상각을 가지고 흐르기 때문에 동기전동기의 벡터도를 그릴 때 역기전력 $E_{u0}'=-E_{u0}$를 취하여 발전기와 역방향(계자자속 ϕ_0 보다 90° 앞선 위상)에 화살표를 그리는 경우가 많다.

회전자에 부하가 걸린 경우 회전자의 위상각이 지연되어 역기전력 E_{u0}'가 공급 전압 V_u에 대해서 δ만큼 늦는다. 여기서 V_u와 E_{u0}'에 차이가 나타나 $E_x=V_u-E_{u0}'$에 의해서 전기자전류 I_u가 흐르지만 이 차이는 회로의 임피던스 강하로 소비되므로 전기자전류 I_u의 위상은 E_x에 대해 90°늦는다. 전기자전류 I_u가 흐르면 전기자 반작용 자속 ϕ_a가 만들어져 합성 자속은 $\phi=\phi_0+\phi_a$가 된다. 또한, ϕ_a는 90° 앞선 위상에 전기자 반작용 리액턴스에 의한 전압강하 X_aI_u를 발생하여 역기전력 E_{u0}'는 $E_u'=-E_u$로 변경된다. E_u'는 내부 기전력이라고 한다. 내부 기전력 E_u'에 저항 강하 R_uI_u와 누설리액턴스 강하 X_lI_u를 더한 것이 공급 전압 V_u가 된다.

또한, 공급 전압 V_u와 역기전력 E_{u0}'가 이루는 위상각 δ는 내부 상차각 또는 부하각으로 불리는 중요한 변수이다. 또, 공급 전압 V_u와 전기자전류 I_u가 이루는 각이 역률각 α이다.

부하가 없는 상태에서는 회전 자계의 자극의 중심과 계자의 중심은 일치하고 있지만 부하가 걸리면 계자극의 중심이 내부 상차각 δ만큼 늦어 토크가 발생한다. 또, 전기자 반작용에 대해서는 돌극기의 경우 종축(계자자속과 동방향) 성분과 횡축(계자자속과 직각 방향) 성분이 다르므로 전기자 반작용 리액턴스 X_a를 종축 전기자 반작용 리액턴스 X_d와 횡축 전기자 반작용 리액턴스 X_q로 나누어 생각하는 경우가 많다.

예제 4.2 동기전동기의 토크식을 유도하라.

풀이 유도법은 「전기기기공학 I (개정판)」 5.7.2 전환 전력과 부하각의 관계에 상세히 기술되어 있다. 토크식은 다음식으로 표현된다.

$$T = p\frac{m}{\omega}\left\{\frac{E'_{u0}V_u}{X_d}\sin\delta + \frac{V_u^2}{2}\left(\frac{1}{X_q} - \frac{1}{X_d}\right)\sin 2\delta\right\} \tag{4.2}$$

여기서 p:극쌍수, m:상수, ω:회전각속도, δ:내부 상차각

식 (4.2)는 돌극형 동기기의 토크이며 내부 상차각 δ와의 관계를 도시화하면 그림 4.6과 같이 된다.

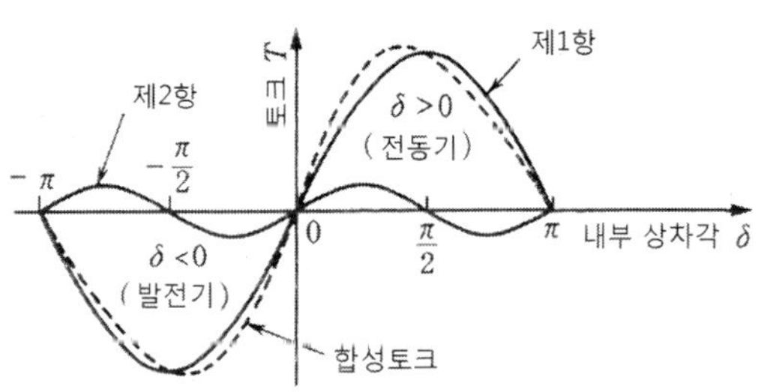

그림 4.6 동기기의 토크 곡선

제1항은 내부 상차각 δ의 발생에 의해서 전기자와 계자의 사이에 발생하는 마그네틱 토크로 δ의 변화에 대해서 정현파 상태가 된다. $\delta > 0$은 전동기 동작, $\delta < 0$은 발전기 동작을 나타낸다. 제2항은 회전자의 돌극성에 근거하는 자기저항의 변화에 의해서 발생하는 토크로 릴럭턴스 토크 또는 반작용 토크라고 부른다. 식 중의 부호를 보면 종축 반작용 자속은 주자속과 반대 방향의 토크, 횡축 반작용 자속은 주자속과 같은 방향의 토크를 발생하고 있는 것을 알 수 있다. 돌극형 동기기의 합성 토크는 두 개의 합이 되어 그림 4.6의 점선으로 나타난다. 원통형에서는 $\delta = 90°$, 돌극형에서는 $\delta = 50° \sim 70°$에서 최대 토크(탈출 토크)가 발생된다. 이 탈출 토크를 이상의 부하가 걸리면 주기이탈(탈조)되어 동기속도로 운전하지 못하고 진동하므로 허용치 이상의 부하는 걸 수 없다.

원통형 회전자의 경우, 릴럭턴스 토크는 0이 되어 식 (4.2)의 제1항만으로 토크가 발생한다.

이상과 같이 그림 4.4(a)의 타제식 주파수 변환기를 사용해 전기자 단자전압의 주파수 f를 정밀하게 제어하면 전동기 속도를 오픈 루프로 정밀하게 제어할 수 있다. 1대의 변환기로 많은 수의 동기전동기를 넓은 속도 범위에 병렬 운전하는 데 널리 이용된다. 동기전동기를 주파수 제어할

때는 전압과 주파수의 비를 일정하게 유지하면서 제어한다. 유도기전력 $E(=E_{u0})$와 주파수 f의 관계가

$$\frac{E}{f}=\sqrt{2}\,k\pi iN\phi \tag{4.3}$$

이므로 E/f 비가 일정한 제어는 자속 ϕ를 거의 일정하게 제어하는 것을 의미한다. 기동 시는 $f=0$이며 저항에 의한 전압강하 R_uI_u의 전압을 공급한다.

4.2 무정류자 전동기 (브러시리스 전동기)[2]

예제 4.3 동기전동기를 최대 토크로 운전하려고 하면 유도기전력을 검출하는 것이 필요하다. 그 이유에 대해 생각해 보아라.

풀이 토크를 나타내는 식 (4.2)에 대해 돌극기, 비돌극기에 공통된 제1항 「전기자와 계자 간에 생기는 마그네틱 토크」를 생각해보자. $p=1, m=3$이라고 하면

$$T=\frac{3}{\omega}\frac{E_{u0}'V_u}{X_d}\sin\delta \tag{4.4}$$

위 식에서 토크 최대가 되는 것은 $\delta=90°$이지만 보는 바와 같이 그림 4.5 (c)의 벡터도에 의해 단자전압 V_u와 유도기전력 E_{u0}'가 $\pi/2$차이가 난다. 역률각 α는 전기자회로의 저항분이 매우 작을 경우 거의 리액턴스 성분이므로 $\alpha\approx\pi/2$이다. 결과적으로 유도기전력 E_{u0}'와 전기자전류 I_u가 이루는 각은 $\delta-\alpha\approx 0$가 된다. 토크식은

$$T=\frac{3}{\omega}\frac{E_{u0}'V_u}{X_d}=\frac{3}{\omega}E_{u0}'I_u\cos(\delta-\alpha) \tag{4.5}$$

와 같이 된다. 식 (4.5)에서 유도기전력 E_{u0}'와 전기자전류 I_u가 이루는 각이 0($(\delta-\alpha=0)$)이면 토크는 최대가 되어 전류 I_u에 비례한다. 그러나 전류 I_u가 흐르면 전기자 반작용에 의해 유도기전력 E_{u0}'가 그 영향을 받아 δ도 변화한다. 전기자 반작용을 고려하지 않고 논의할 수 없지만 그 영향은 작다고 생각하면 유도기전력 E_{u0}'와 동상의 전류를 흘리는 것이 이상적인 제어법이다. 이러한 이유로 동기전동기의 구동에 대해 이상적인 제어를 실현하려면 그림 4.3에 나타낸 것처럼 유도기전력의 위상을 검출하여야 한다.

4.2.1 무정류자 전동기 (브러시리스 전동기)의 구성

1. 무정류자 전동기의 원리 그림 4.7은 3상 반파 트랜지스터 인버터의 무정류자 전동기의 구동 원리를 나타내는 것으로 그림 (a)는 구성, 그림 (b)는 전기자전류와 계자극의 위치 관계를 나타내고 있다. 회전기 본체는 전기자코일 u-u′, v-v′, w-w′와 영구자석의 회전자로 구성되어 있다. 또한, 각 권선에는 구동 트랜지스터 Q_1, Q_2, Q_3가 접속되어 정류자를 형성하고 있어 회전자의 위치에 따라 전기자코일의 전류가 변환된다. 즉, 정류를 한다. 여기서 회전자의 위치를

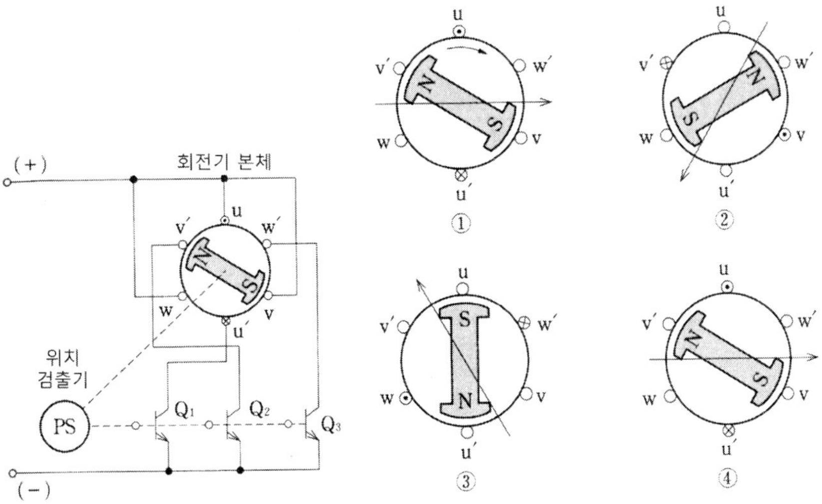

(a) 구성　　　　　　　　　(b) 전기자전류와 자극의 관계

그림 4.7 무정류자 전동기의 원리 (3상 반파 방식의 경우)

검출해 그 신호를 구동 트랜지스터에게 주는 것이 위치 검출기 PS이다. 이하 동작을 2극기의 경우에 대해 설명한다.

그림 (b)에서 회전자가 ①의 위치에 있을 때 위치 검출기의 신호는 트랜지스터 Q_1을 온, Q_2, Q_3를 오프로 한다. 따라서 전기자 u−u′에 전류가 흘러 이때의 전기자 기자력의 방향을 그림에 화살표로 나타난다. 이 기자력과 계자 기자력의 상호작용에 의해서 회전자는 시계 방향으로 회전한다. 전기각으로 $(2\pi/3)\mathrm{rad}$(2극기의 경우는 전기각과 기계각은 일치한다) 돌았을 때 위치 검출기의 신호는 트랜지스터 Q_2를 온, Q_1, Q_3를 오프로 한다.

이번은 코일 v−v′에 전류가 흘러 기자력의 방향은 ②의 화살표 방향이 된다. 이것에 의해서 회전자는 다시 시계 방향으로 회전한다. 초기 위치로부터 $(4\pi/3)\mathrm{rad}$ 회전한 위치에서는 트랜지스터 Q_3를 온, Q_1, Q_2는 오프로 한다. 따라서 코일 w−w′에 전류가 흘러 ③의 화살표 방향으로 기자력이 발생하여 회전자는 회전을 계속한다. 이와 같이 무정류자 전동기는 전기자 기자력과 계자 기자력의 상호작용으로 토크를 발생해 회전한다.

그림 4.8은 소용량기에서 대용량기까지 사용되는 일반적인 무정류자 전동기의 구성이다. 사이리스터 회로는 전파 방식의 전류형 인버터로 직류 전원 V_S로부터 직류 리액터 L_S를 통해 공급된다. 회전기 본체는 3상 전기자코일과 계자코일로 구성된다. 계자코일은 타여자 계자 F_R과 직권 계자 F_S로 구성되어 직권 계자 F_S는 직류 리액터와 직렬로 접속된다. 회전자 위치 검출기의 신호는 논리 회로 LC에 의해서 사이리스터 UP, VP, WP, UN, VN, WN의 신호로 분배되어 게이트 점호회로 GC를 개입시켜 대응하는 사이리스터에 게이트 신호를 준다. 사이리스터의 도통 모드는 (UP, VN), (UP, WN), (VP, WN), (VP, UN), (WP, UN), (WP, VN)의 6개이며 전기각 60°마다 바뀐다.

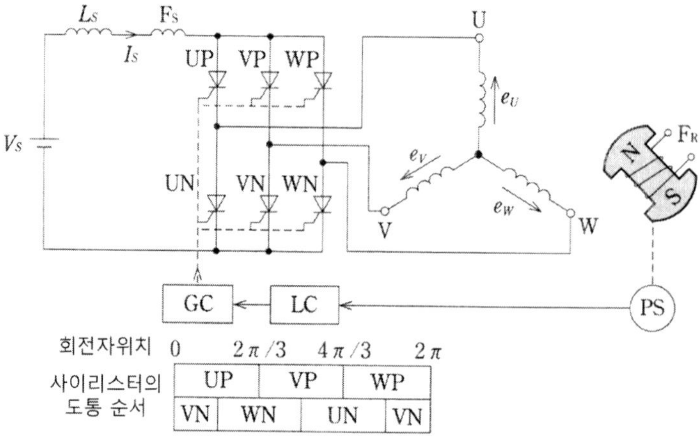

그림 4.8 무정류자 전동기의 일반적인 구성

2. 위치 검출기 무정류자 전동기에서는 유도기전력의 위상에 대응한 상의 사이리스터가 점호되어 전기자전류가 흐른다. 전기자 측 유도기전력의 위상을 검출하는 것은 동기전동기의 회전자의 위치를 검출하여 자극의 위치에 따라 최대 토크를 발생하는 사이리스터를 도통시키는 것과 같다. 자극의 위치를 아는 방법은 몇 가지가 있지만 기본적인 구성을 그림 4.9로 설명한다.

그림 (a)는 극수가 2로 3상 반파의 경우이다. 회전자와 함께 회전하는 선형 원판과 프레임에 고정된 3개의 센서(근접 스위치)로 구성된다. 선형 원판은 120°의 凸부(볼록부)와 240°의 凹부(오목부)를 갖고 센서 3개 S_1, S_2, S_3는 각각 120°의 간격으로 배치되어 있다. 센서와 凸부(볼록부)가 근접했을 때 트랜지스터의 온 신호를 발생한다고 생각하면 $S_1 \rightarrow Q_1$ 온, $S_2 \rightarrow Q_2$ 온, $S_3 \rightarrow Q_3$ 온으로 하여 트랜지스터가 120°씩 충전되어가는 것을 알 수 있다. 초기 위치는 유도기전력과 전류의 기본파가 같은 위상이 되도록 구동 전에 센서의 부착범위를 이동시켜 조정한다.

그림 (b)는 3상 전파 방식의 위치 검출법이다. 6센서 방식으로 그림 (a)의 센서군(S_1, S_2, S_3)과 반대 위상에 있는 또 하나의 센서군(S_4, S_5, S_6)이 있다. 한쪽을 양측 사이리스터의 제어 신호로, 다른 한쪽을 음측 사이리스터의 제어 신호로서 이용한다. 즉,

양측에 대해 : $S_1 \rightarrow$ UP 온, $S_2 \rightarrow$ VP 온, $S_3 \rightarrow$ WP 온

음측에 대해 : $S_4 \rightarrow$ UN 온, $S_5 \rightarrow$ VN 온, $S_6 \rightarrow$ WN 온

과 같이 제어하면 된다. 초기 위치의 설정은 3상 반파 때와 같다.

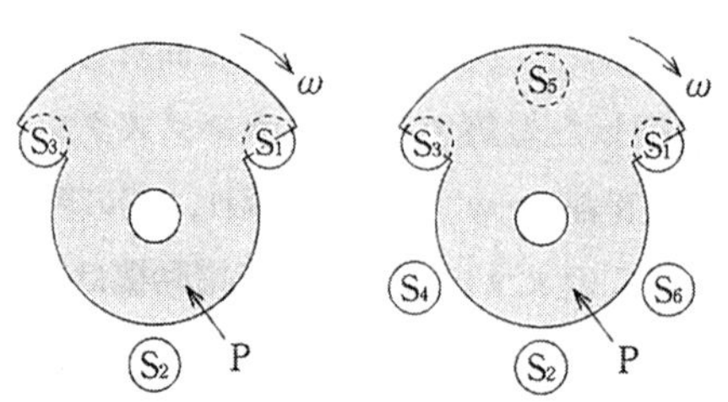

(a) 3상 반파의 경우 (b) 3상 전파의 경우

그림 4.9 위치 검출기의 구조 (2극기의 경우)

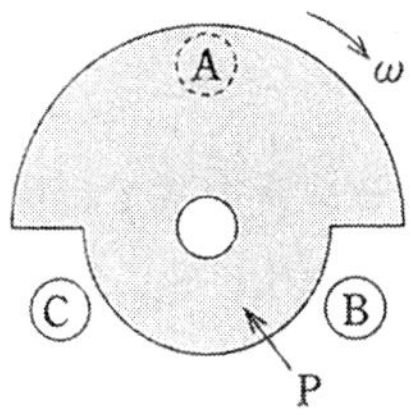

그림 4.10 위치 검출기의 구조 (2극기의 경우)

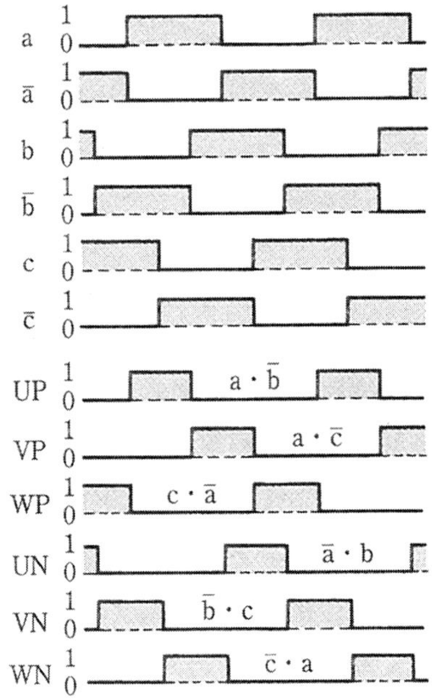

그림 4.11 위치 검출 논리

그림 4.10은 3상 전파 방식의 또 하나의 방식인 3센서 방식이다. 회전자와 함께 회전하는 선형 원판은 볼록부, 오목부 모두 전기각 180°가 되어 있고 세 개의 센서 A, B, C는 각각 전기각 120°의 간격으로 프레임에 장착되고 있다. 각각의 센서로부터 얻을 수 있는 신호 a, b, c와 논리적으로 만들어진 반대 위상의 신호 $\bar{a}$, $\bar{b}$, $\bar{c}$를 이용해 이 6개의 신호를 입력으로 하는 논리회로를 통해 위의 6센서에 해당하는 신호를 만든다.

그림 4.11을 참고로 해

$a \cdot \bar{b} \rightarrow UP \quad b \cdot \bar{c} \rightarrow VP \quad c \cdot \bar{a} \rightarrow WP \quad \bar{a} \cdot b \rightarrow UN \quad \bar{b} \cdot c \rightarrow VN \quad \bar{c} \cdot a \rightarrow WN$

초기 위상의 설정 등 전동기의 유도기전력에 대해서 전류의 위상을 고려해 제어 진행각 β_0를 설정할 필요가 있다. β_0의 조정은 위치 검출기를 돌려 실시하는 것으로 앞서 언급한 바와 같다.

위의 기계식 위치 검출 방식에 대해서 전동기의 역기전력을 기준으로 하여 회전자의 위치를 검출하는 방식이 있다. 이것을 전기식 위치 검출 방식이라고 한다. 그러나 기동 시에는 역기전력이 없기 때문에 일반적으로는 기계식과 병용해 저속영역을 기계식, 고속영역을 전기식과 같이 전환하여 사용한다.

3. 전동기 회전기로는 동기기가 사용된다. 동기기의 여자 방식은 회전 전기자형과 회전 계자형으로 구분된다. 회전 전기자형에서는 3세트의 슬립링과 브러시가 필요하게 되어 구조가 복잡하고 고전압의 전기자를 회전자로 하면 고가로 되므로 극히 소형으로 이루어진 특수한 것 이외는 회전 계자형이 사용된다.

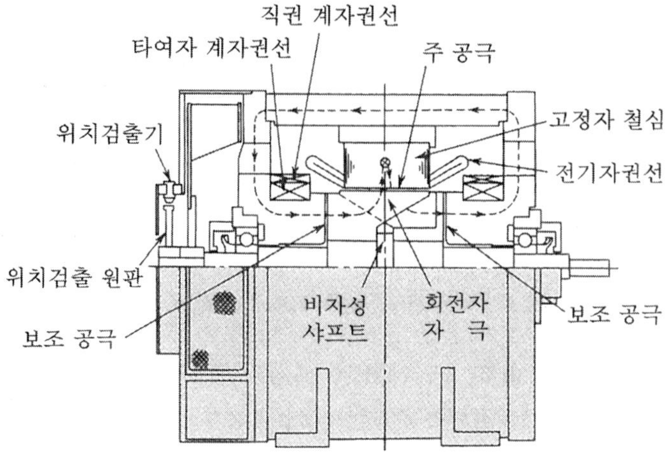

그림 4.12 클로우폴형 자극 동기기의 구조

회전하는 계자를 여자하려면 슬립링과 브러시를 필요로 하지만 슬립링은 정류자에 비하면 손실이 훨씬 적기 때문에 특별히 지장이 없는 한 사용한다. 여자 회로를 완전 브러시리스화 하기 위해서는 ① 영구자석 회전기, ② 클로우폴형 자극 회전기, ③ 유도 주파수 변환기형 여자기 또는 회전 변압기형 여자기를 이용한 동기기 등의 채용을 생각할 수 있다. ①은 소용량 기계, ②는 중용량 기계, ③은 대용량 기계에 많이 이용된다.

그림 4.12는 클로우폴형 동기기의 구조이다. 클로우폴형은 좌우가 완전히 같은 "새의 발톱" 형태를 한 자극을 서로 엇갈려 비자성의 축에 넣은 것이다. 회전부에는 코일 등은 없고 매우 견고하다.

계자코일은 두 개의 도넛 모양의 코일이 고정자 측에 설치되고 있어 이것에 의해서 발생하는 자속은 좌측의 베어링 브래킷→좌측 보조 갭→자극(N)→주 갭→고정자→주 갭→자극(S)→우측 보조 갭→우측 베어링 브래킷→외측 프레임→좌측 베어링 브래킷과 같이 일주하게 되어 있다. 무정류자 전동기의 계자는 복권계자로 하는 것이 많지만 직권계자는 도너츠 모양의 타여자의 외측에 설치한다. 자로가 길어져 자기회로의 계산이 복잡하지만 완전 브러시리스화가 쉽기 때문에 중용량기에는 많이 사용된다.

유도 주파수 변환기형 여자기와 회전 변압기형 여자기는 변압기의 1차 측을 고정자에, 2차 측을 회전자에 달아 2차 측의 출력을 축상에 설치된 정류기에 의해 정류해 계자전류를 공급하는 것이다. 종래의 동기기에서 브러시리스 여자기도 회전 정류기에 의해서 계자전류를 공급하지만, 이 경우는 동기 속도에 대해서만 계자전류를 잘 흘릴 수 있으면 되고 기동 시에는 자극은 확립되어 있지 않아도 된다. 그러나 무정류자 전동기의 경우는 정지 시에도 일정 전류에 의해서 여자해 둘 필요가 있어 속도가 변화하더라도 계자전류를 일정하게 제어해야 한다.

그림 4.13은 유도 주파수 변환기형 여자 방식의 구성이며 권선형 유도전동기의 원리에 근거한 것이다. 1차 전압은 역병렬 접속 사이리스터에 의해서 제어되고 보조 회로는 정류용 다이오드, 계자코일 및 이것에 병렬 접속된 방전 저항으로부터 이루어져 있다. 1차 코일의 각 주파수 ω_{e1}으로 여자하면 회전자가 정지하고 있을 때의 슬립 $s=1$이다.

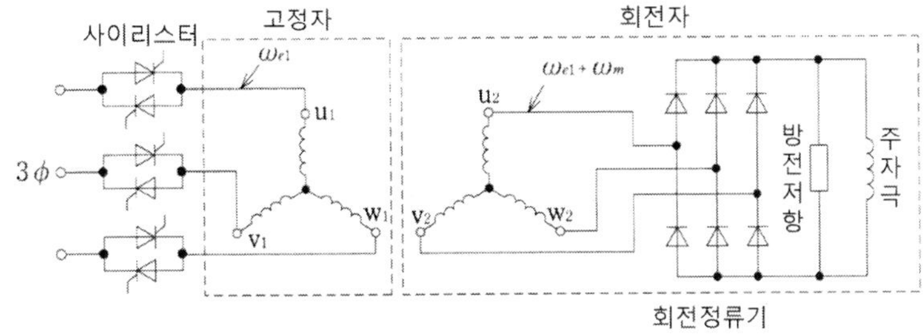

그림 4.13 유도 주파수 변환기형 여자 방식

2차 측에도 ω_{e1}의 교류가 발생한다. 회전자의 회전 방향은 1차 전류에 의한 회전 자계와 역방향이 되어 있어 회전속도를 전기각에 환산한 각 주파수를 ω_m으로 하면 회전하고 있을 때의 2차 전압의 각 주파수는 $\omega_{e1}+\omega_m$이다. 즉, 슬립은 1이상으로 동작한다. 이 전압을 정류해 계자전류를 만드는 것으로 그 제어는 사이리스터의 역병렬 회로로 실시한다. 이 방식은 2차 측 유도 전압이 속도에 의해서 변화하게 되어 한 방향 회전만의 용도에 사용되는 것이 많다.

회전 변압기형 여자기는 여자량이 회전수에 관계없는 방식으로 역방향 회전에도 속도 의존성이 없는 것이 특징이다. 그림 4.14는 반대 측에 오버행해서 장착된 회전 변압기의 단면도이며 고정자 및 회전자에는 래디얼 방향으로 적층한 철심을 마련해 이것에 1차 코일을 감은 구조로 되어 있다. 교번 자속의 자로는 파선으로 나타내 보인 것처럼 각각의 철심으로부터 갭을 통해 한 바퀴 돌도록 형성되고 있다. 회전자 측에서 얻을 수 있는 출력은 회전 정류기를 통해 정류되어 계자코일에 공급된다.

회전 변압기는 구조가 약간 복잡하고 효율이 낮은 점이 단점이다.

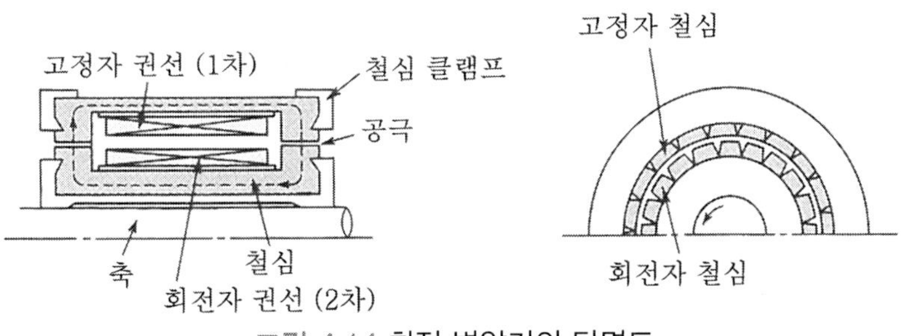

그림 4.14 회전 변압기의 단면도

예제 4.4 무정류자 전동기의 구성을 직류전동기와 비교해 서술하여라.

풀이 그림 4.15에 무정류자 전동기의 구조를 직류전동기와 비교하여 나타내었다. 그림과 같이 무정류자 전동기는 정류자, 분배기, 고정자 및 회전자로 구성된다. 이러한 요소는 직류전동기의 구성요소에 대해 화살표로 나타내 보이는 대응 관계에 있다. 무정류자 전동기가 직류전동기와 다른 점은 회전기 본체가 회전 계자형인 것(특수한 용도로 회전 전기자형이 이용될 수도 있다), 분배기로서 브러시 대신에 회전자 위치 검출기가 사용되는 것, 정류자가 사이리스터(또는 트랜지스터) 정류자로 교체된 것이다. 그러나 대응하는 각각의 요소의 역할은 두 가지가 모두 동일하고 무정류자 전동기를 브러시리스 직류전동기라고 부르기도 한다.

그림에서 알 수 있듯이 무정류자 전동기의 핵심은 위치 검출기와 사이리스터 정류자에 있다. 전자는 축으로 직결된 부채모양의 원판과 이것과 대면하는 근접 스위치로 구성하여 회전자 위치(위상)에 동기하여 사이리스터 정류자를 점호한다. 사이리스터 정류자는 동정류자와 등가인 정류 작용을 하는 전류형 인버터로 소용량의 경우 트랜지스터 정류자가 사용된다.

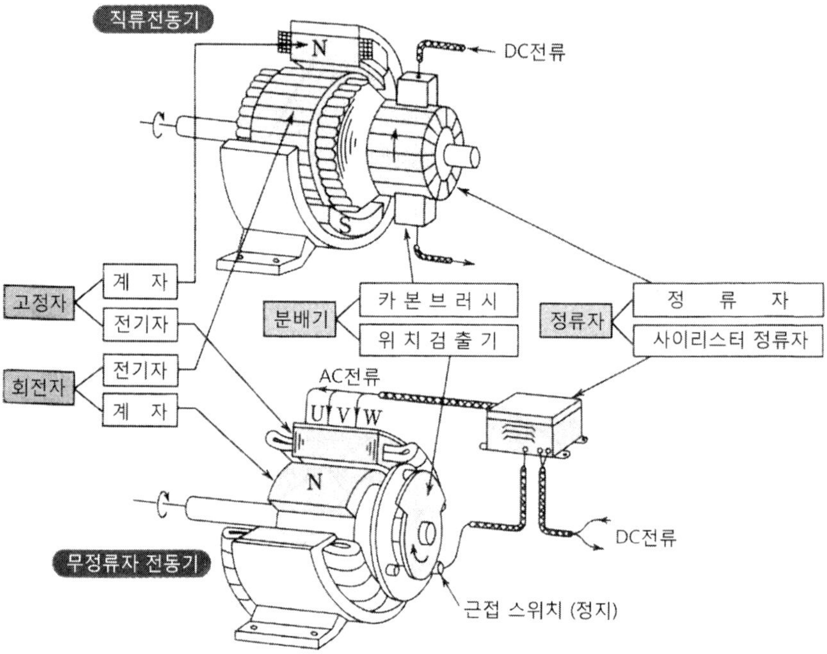

그림 4.15 직류전동기와 무정류자 전동기의 구조 도해

4.2.2 무정류자 전동기의 특성

1. 벡터도 무정류자 전동기의 기본 회로는 그림 4.8에 나타냈다. 무정류자 전동기가 동기전동기와 다른 점은 역기전력인 유도기전력의 위상을 검출해 사이리스터의 전류(轉流)를 확보할 만한 진행각 β_0를 설정하는 점이다. 벡터도는 1상분만 나타내었다.

진행각 β_0는 무부하 때 설정하므로 벡터도는 그림 4.16(a)와 같이 된다.

$\phi_0(\omega_0)$는 계자자속, $E_0(\omega_0)$는 공칭 유도기전력이며 $E_0(\omega_0)$에 대해서 β_0 앞선 전압 V가 사이리스터 인버터의 출력전압이 되고 그 정류된 전압이 직류 전원의 전압 V_S와 상쇄된다. 즉,

$$V = \frac{\pi}{3\sqrt{6}} V_S$$

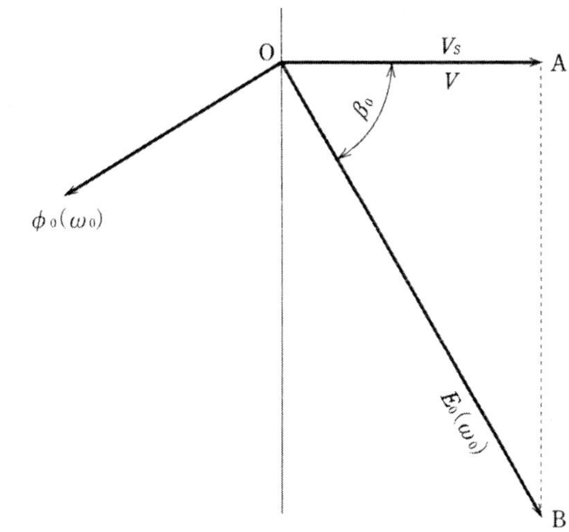

(a) 무부하 시

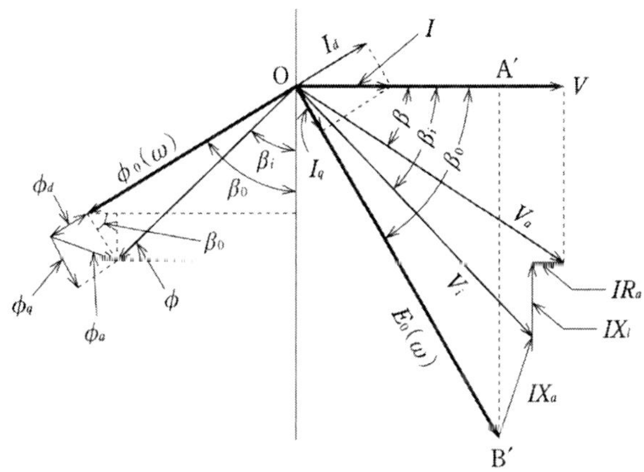

(b) 부하 시

그림 4.16 벡터도

여기서 부하가 걸린 벡터도는 그림 (b)와 같이 바뀐다. 부하가 걸리면 그림 (a)의 삼각형 AOB와 닮은 모습을 유지하면서 그림 (b)에서는 A′OB′처럼 회전 각속도 ω에 비례해 작아지고 V_S와 V에 차이가 나타나 부하 전류 I가 흐른다.

$$I = \frac{\sqrt{6}}{\pi} I_S$$

부하 전류 I의 위상은 $E_0(\omega)$에 대해서 β_0만큼 진행되어 V와 동상이 된다. 또한,

$$VI = \left(\frac{\pi}{3\sqrt{6}}\right) V_S \left(\frac{\sqrt{6}}{\pi}\right) I_S = \frac{V_S I_S}{3}$$

의 관계가 있어 직류 전력 $V_S I_S$는 교류 전력 VI의 3배가 되는 것을 알 수 있다. 교류 회로 1상분만 생각하고 있으므로 당연하다.

부하 전류가 흐르면 전기자 반작용 자속 ϕ_a가 만들어져 ϕ_a에 대해서 90° 앞선 위상에 동기리액턴스 강하 IX_a가 발생해 유도기전력은 $E_0(\omega)$에서 V_i로 내려간다. V_i는 내부 유도기전력이라 하고 합성 자속 ϕ보다 90° 앞서게 되어 전류 I의 위상각을 β_i로 바뀐다. 내부 유도기전력 V_i로부터 누설리액턴스에 의한 전압강하 IX_l과 저항에 의한 강하 IR_a를 빼면 단자전압은 V_a가 된다. V_a에 대한 전류의 진행각도 β로 감소한다.

비돌극기에서는 전기자 반작용 자속의 직축 성분 ϕ_d와 횡축 성분 ϕ_q가 같지만 돌극기에서는 양자가 다르기 위해 ϕ_a 및 IX_a의 크기와 위상이 비돌극기와 다르다. 전류 진행각 β_0는 무부하 상태로 설정하지만 전기자 반작용에 의해 β_i로 감소하고, 또한, 실제적으로는 β까지 감소하는 것에 주의할 필요가 있다.

예제 4.5 전류(轉流) 중복각 u는 벡터도에 어떤 영향을 미칠까 생각해 보아라.

풀이 정류기에서 유도한 식 (2.17)을 이용해 $\alpha=-\beta_0$로 두면 무정류자 전동기에서의 사이리스터 정류자의 입력 전압이 된다.

$$\overline{V}_{AN}=E_{d0}\cos\frac{u}{2}\cos\left(\beta_0-\frac{u}{2}\right) \tag{4.6}$$

이것은 중복각 u가 발생함에 따라 사이리스터 정류자의 입력으로 보면 상전압의 진폭치가 $\cos(u/2)$만큼 감소하여 진행각 β_0가 $(u/2)$만큼 감소하는 것을 의미 한다. $\cos(u/2)\approx 1$이므로 그 영향은 작고 그림 4.16(b)의 벡터도에서처럼 V와 I를 제외한 모든 벡터가 $(u/2)$만큼 반시계 방향으로 회전하게 된다.

2. 비돌극형 회전자의 특성 예제 4.2에서 다루고 있듯이 릴럭턴스 토크가 없기 때문에 주자속과 전기자전류에 의한 마그네틱 토크 밖에 존재하지 않는다. 이 경우는 직류 회로의 전압 방정식으로부터 출력 전력을 계산하여 구할 수 있다.

그림 4.17에서 무정류자 전동기의 역기전력, 전류, 전압의 파형을 나타내고 있다. 그림 (a)는 중복 기간의 동작을 설명하는 것으로 사이리스터 UP, WN이 온되어 있을 때, VP에 게이트 신호가 주어진 상태이다.

정류 회로에 대해서는 지연각 α로 동작할 때 자연 전류(轉流)가 이루어지지만 인버터 동작 때는 $e_U>e_V$의 영역, 즉 제어 진행각 β_0에서 트리거 될 때 자연 전류(轉流)가 가능하게 된다.

무정류자 전동기에 대해서는 무부하 상태에서 진행각을 β_0로 설정되어 있다.

$\omega t=0(i_U=I_S, i_V=0)$에서 전류(轉流)가 시작되면 U상, V상 사이에 순환 전류 i_0가 흐르고 UP를 흐르는 전류 i_U는 감소하게 되고, VP를 흐르는 전류 i_V는 증가된다. 중복 기간의 종점 $\omega t=u$에서는 $i_U=0$, $i_V=I_S$가 되어 전류(轉流)가 완료한다. 그 후, 사이리스터 VP, WN가 온이 되어 단류 모드가 되지만 사이리스터 UP는 $\gamma=\beta_0-u$(γ: 여유각)의 기간에 역바이어스된다. 사이리스터 정류자의 입력 전압 V_{AN}은 정류 전은 e_U-e_W, 정류 중은 $(e_U+e_V)/2-e_W$, 정류 완료 후는 e_V-e_W가 되어 이 반복 전압이 나타난다. V_{AN}의 평균 전압은 식 (2.17)에서 $\alpha=-\beta_0$가 되어

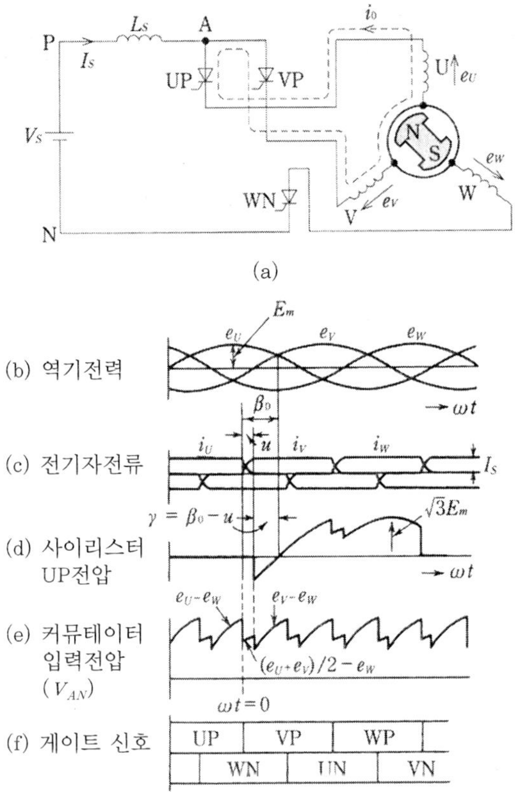

그림 4.17 역기전력, 전류, 전압 파형

$$\overline{V}_{AN} = E_{d0}\cos\frac{u}{2}cos\left(\beta_0 - \frac{u}{2}\right) = \frac{3\sqrt{3}}{\pi}E_m\cos\frac{u}{2}\cos\left(\beta_0 - \frac{u}{2}\right) \qquad (4.7)$$

와 같이 된다. 다만 $E_m = \sqrt{2}\,E$로 상전압의 최대치이다. 중복 기간 u도 정류회로와 같고 식 (2.13)으로부터 계산된다.

$$u = \beta_0 - \cos^{-1}\left(\cos\beta_0 + \frac{2X_l I_S}{\sqrt{6}\,E}\right) \qquad (4.8)$$

여기서, $X_l = \omega L_l$(L_l는 누설 인덕턴스)이다.

역기전력 E_m은 상전압의 최대치이다. E는 동기기의 기본식에 의해서

$$E = 2\pi f k N \phi_0 = p\omega k N \phi_0 = pK\omega\phi_0 \qquad (4.9)$$

여기서, k : 코일 계수, N : 1상분의 권수, ϕ_0 : 각극의 자속, p : 극쌍수,
ω : 회전 각속도[rad/s], f : 전기적 각주파수($p\omega/2\pi$), K : 정수

식 (4.9)를 식 (4.7)에 대입해 직류 전압의 평형식을 세우면 회전속도 ω는 다음 식과 같이 구할 수 있다. R_S를 직류 회로의 전체 저항값으로 하면

$$\omega = \frac{V_S - R_S I_S}{(3\sqrt{6}/\pi)pKN\phi_0\cos(u/2)\cos(\beta_0 - u/2)} = \frac{V_S - R_S I_S}{(3\sqrt{6}/\pi)pK\phi_0\cos(\beta_0 - u/2)} \tag{4.10}$$

식 (4.10)에서 $K = kN$, $\cos(u/2) \approx 1$로 두고 있다. 위 식으로부터 무정류자 전동기의 속도는 $V_S - R_S I_S$에 비례하고 자속 ϕ_0에 반비례 한다. 이 점은 타여자 직류전동기와 같지만 진행각 β_0, 중복각 u의 함수로 되어 있는 점이 직류기와 다르다.

전동기의 발생 토크 T는 출력을 각속도 ω/p로 나누어서 구할 수 있다.

$$T = \frac{(V_S - R_S I_S)}{\omega/p} I_S = \frac{3\sqrt{6}}{\pi} pkN\phi_0 I_S \cos\frac{u}{2}\cos\left(\beta_0 - \frac{u}{2}\right) \tag{4.11}$$

$$= \left(\frac{3\sqrt{6}}{\pi}\right) pK\phi_0 I_S \cos\left(\beta_0 - \frac{u}{2}\right)$$

이 개념에 의하면 토크는 그림 4.17(e)와 같이 정류자 입력 전압 V_{AN}과 동상이 된다. 따라서 합성 토크는 V_{AN}처럼 시간적으로 맥동해 교류기 또는 직류기와 같이 일정한 값이 되지 않는다.

3. 돌극형 회전자의 특성 비돌극기에 대해서는 전기자 반작용의 갑작스런 영향은 직축, 횡축과도 같고 양자를 나누어 논의할 필요는 없었다. 돌극기에 대해 직축 전기자 반작용과 횡축 전기자 반작용을 나누고 검토를 진행한다.

각속도 ω로 회전하고 있을 때의 주자속 $\phi_0(\omega)$를 간단히 하기 위해서 ϕ_0라고 적는다. 그림 4.16의 벡터도에서 자속의 각 성분간에는 다음의 관계가 있다.

$$\left.\begin{aligned} \phi\sin\beta_i &= (\phi_0 - \phi_d)\sin\beta_0 - \phi_q\cos\beta_0 \\ \phi\cos\beta_i &= (\phi_0 - \phi_d)\cos\beta_0 + \phi_q\sin\beta_0 \end{aligned}\right\} \tag{4.12}$$

ϕ_d는 전기자 반작용 자속의 직축 성분, ϕ_q는 횡축 성분이다. ϕ_d와 ϕ_q를 직축 동기 유도인덕턴스 L_d, 횡축 동기 유도인덕턴스 L_q에 의해서 고쳐 쓰면

$$\phi_d = \frac{I_d L_d}{K} = \frac{IL_d}{K}\sin\beta_0 \quad \phi_q = \frac{I_q L_q}{K} = \frac{IL_q}{K}\cos\beta_0 \tag{4.13}$$

여기서, L_d, L_q : 전기자전류 I의 직축분과 횡축분 , K : 정수

식 (4.13)의 관계를 식 (4.12)에 대입해 양변에 ω를 곱하면 아래 식과 같이 된다.

$$K\phi\omega\sin\beta_i = K\phi_0\sin\beta_0 - \omega I(L_d\sin^2\beta_0 + L_q\cos^2\beta_0) \tag{4.14}$$

$$K\phi\omega\cos\beta_i = K\phi_0\cos\beta_0 - \omega I(L_d - L_q)\sin\beta_0\cos\beta_0 \tag{4.15}$$

또한, 벡터도로부터 전압 관계식을 보면 식 (4.14), (4.15)의 좌변은

$$K\phi\omega\sin\beta_i = V_i\sin\beta_i = V\tan\beta + IX_l \tag{4.16}$$

$$K\phi\omega\cos\beta_i = V_i\cos\beta_i = V - IR_a \tag{4.17}$$

따라서 각속도 ω는 식 (4.15), 식 (4.17)으로부터 아래 식과 같이 구할 수 있다.

$$\omega = \frac{V - IR_a}{K\phi_0 \cos\beta_0 - \frac{1}{2} I (L_d - L_q) \sin 2\beta_0} \tag{4.18}$$

또한, 토크 τ는 아래 식과 같이 된다.

$$\tau = K\phi_0 I \cos\beta_0 - \frac{1}{2} I^2 (L_d - L_q) \sin 2\beta_0 \tag{4.19}$$

중복 기간 u의 영향을 고려하면 다음의 변환을 실시하면 된다.

$$\beta_0 \to \left(\beta_0 - \frac{u}{2}\right) \tag{4.20}$$

식 (4.19)에 대해 제1항은 주자속에 의해 발생한 마그네틱 토크, 제2항은 전기자 반작용에 의해서 생긴 릴럭턴스 토크이다.

예제 4.6 비돌극형 회전자와 돌극형 회전자의 특성을 비교 검토하여라.

풀이 비돌극형 회전자의 경우는 $L_d = L_q$의 관계가 있으므로 식 (4.19)의 릴럭턴스 토크는 발생하지 않는다. 이와 같이 식 (4.18)의 분모 제2항도 0이 된다.

또한, 앞서 비돌극기로 유도된 회전수의 식 (4.10)은 3상 정류장치로서 유도해야 하며 파형의 영향도 고려되어 있고 식 (4.10), 식 (4.11)은 극쌍수 p라고 하는 일반식으로 구해지는 반면에 식 (4.18), 식 (4.19)는 1상분에 대한 식인 것을 생각하면 양자의 관계를 이해할 수 있다.

회전속도 : 식 (4.10)의 분자에서 직류 저항 R_S는 전기자저항 R_a외 전류 중복각 u에 해당하는 등가 저항도 포함된다. 이것을 고려해 R_a로 나타내어 다음과 같이 놓는다.

$$V_S - I_S R_S = \frac{3\sqrt{6}}{\pi}(V - IR_a) \tag{4.21}$$

이 관계식을 식 (4.10)에 넣으면 다음과 같이 된다.

$$\omega = \frac{V - IR_a}{pK\phi_0 \cos(\beta_0 - u/2)} \tag{4.22}$$

여기서 $p=1$로 두면 돌극형의 식 (4.18)에 대해 $L_d = L_q$로 하고 중복각 u를 고려해 $\beta_0 \to (\beta_0 - u/2)$의 변환을 하면 일치한다.

토크 식도 이와 같이 생각하면 식 (4.11)은 다음과 같이 고쳐 쓸 수 있다.

$$\begin{aligned} T &= \left(\frac{3\sqrt{6}}{\pi}\right) pK\phi_0 I_S \cos\left(\beta_0 - \frac{u}{2}\right) = 3pK\phi_0 \left(\frac{\sqrt{6}}{\pi} I_S\right) \cos\left(\beta_0 - \frac{u}{2}\right) \\ &= 3pK\phi_0 I \cos\left(\beta_0 - \frac{u}{2}\right) \end{aligned} \tag{4.23}$$

여기서 $p=1$로 두면 돌극형의 토크 식 (4.19)에 대해 $L_d = L_q$, $\beta_0 \to (\beta_0 - u/2)$로 둔 식의 3배가 된다.

예제 4.7 무정류자 전동기의 정상 특성에 대해 설명하여라.

풀이 그림 4.18은 무정류자 전동기의 일반적인 정상 특성이며 횡축은 직류 전류를 나타내고 있다. 무부하 상태에 대해 전류(轉流) 진행각이 β_0이어도 부하 전류의 증가와 함께 전기자 반작용과 누설리액턴스 강하에 의해 실효 전류 진행각 β는 감소한다. 중복각 u는 주로 누설리액턴스 X_l에 기인하고 식 (4.8)의 관계를 유지하면서 전류 I_S와 함께 증가한다. 토크는 식 (4.11), (4.20)에서 나타내었듯이 전류의 증가와 함께 u가 증가하여 $\cos(\beta_0 - u/2)$에 해당하는 토크가 증가한다. 회전속도는 $\cos(\beta_0 - u/2)$가 분모에 있으므로 전류와 함께 감소한다.

자연 전류(轉流)에서는 부하의 증가와 함께 전류 여유각 $\gamma = \beta - u$가 감소하여 $\gamma \approx 0$이 되면 역기전력에 의한 전류(轉流)가 일어나지 않는다. 이것을 전류(轉流) 한계라고 하며 이때 부하전류가 최대 부하 전류이다.

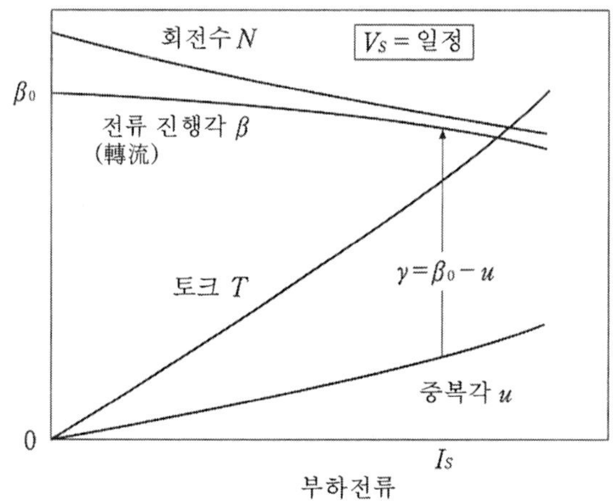

그림 4.18 무정류자 전동기의 특성

4.2.3 무정류자 전동기의 구동·제어 시스템

1. 컨버터·인버터방식 전류형 인버터로 구동되는 무정류자 전동기에 대해서는 사이리스터의 부하 전류를 안정하게 하기 위해 일반적으로 진행각 β_0를 60°로 설정된다. 이 경우 그림 4.17(e)에 볼 수 있는 토크 맥동이 있다. 전동기의 기동은 토크가 가장 필요하게 되는 것으로 이 토크 맥동은 바람직하지 않다. 또한, 기동 시는 역기전력도 없기 때문에 부하 전류의 안정성에도 문제가 있다. 기동할 때 $\beta_0 = 0$으로 설정할 수 있으면 토크 맥동의 문제는 해결되지만 사이리스터의 부하 전류를 바꾸는 전류법이 필요하게 된다. 기동에 대해서는 저속 시에 전류를 단속하고 정류하는 방법으로 해결되므로 속도제어를 설명할 때 다룬다.

그림 4.19는 이 속도제어계의 구성도이다. 이 제어계의 특징은 시동, 가감속 및 역전 동작이 무접점으로 실현할 수 있어 속응성이 크다는 것이다. 개요는 다음과 같다.

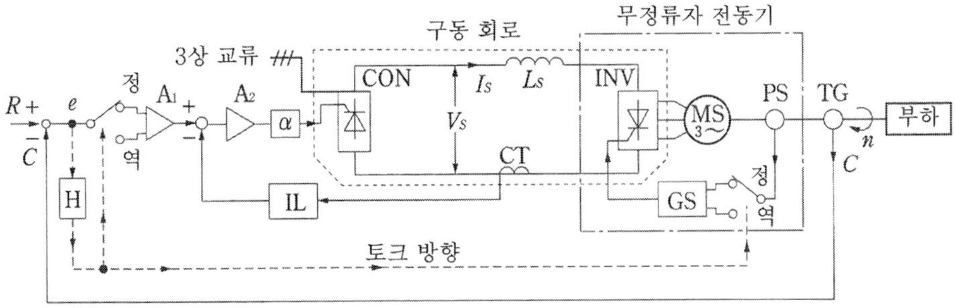

그림 4.19 무정류자 전동기의 속도제어 시스템

① 레오나드용 컨버터 CON과 사이리스터 정류자용 인버터 INV가 그림의 방향으로 결합되기 때문에 직류 부하 전류 I_S는 전동기의 정역전을 불문하고 한 방향으로 흐른다.

② 전기자회로에 개폐기를 전혀 필요로 하지 않는다. 그 대신 정역전의 전환은 제어 회로 GC 내에서 모두 실행된다.

우선 속도제어를 비례 제어라고 생각하고 제어 동작을 설명한다. 그림과 같이 외부로부터 속도 지령 R(직류 전압)을 제어계 입력에 가하면 R과 타코제너레이터 TG의 신호 C와의 차이, 즉 속도 오차 e가 만들어진다. 즉, 속도 오차 e는 정회전 시에는 양, 역전 시에는 음이 된다. 그 결과 전동기의 토크 방향 지령용 히스테리시스 회로 H가 e의 양음에 따라 동작해 속도제어 증폭기 A_1, 게이트 제어 회로 GC 내의 역전 논리 회로의 극성을 동시에 정 또는 역으로 새로 바꾼다. 그 다음은 통상의 제어 원리에 따라 속도 편차 e가 충분히 작아지도록 컨버터 CON의 제어각 α, 출력전압 V_s가 조정되어 회전속도 n이 제어된다.

다음에 속도 지령이 역전으로 바뀌면 히스테리시스 요소에 의해 토크 방향 지령이 정회전으로부터 역전에 바뀌어 제어 회로 GC도 양으로부터 음에 완전히 교체된다. 연산 증폭기 A_1의 출력에 의해 다음의 동작이 자동적으로 행해진다.

① CON는 순변환으로부터 역변환으로, INV는 역변환으로부터 순변환으로 바뀐다.

② 무정류자 전동기는 발전기가 되어 그 발전 전력을 CON가 교류 전원에 회생하므로 전동기에 제동력이 가해져 감속한다(회생 제동).

③ 전동기가 감속해 속도 제로가 되면 자동적으로 CON는 역변환으로부터 순변환으로, INV는 순변환으로부터 역변환으로 초기 상태에 복귀한다.

④ 무정류자 전동기는 역전 방향으로 가속되어 음의 정상 속도에 이른다.

속도제어의 기본은 제어 공학에 따라 종래의 직류전동기와 특별히 바뀔 것은 없다.

무정류자 전동기는 주로 자연 전류(轉流)로 행해진다. 지금까지의 설명에서는 단지 진행각 β_0를 설정해서 진행 역률 영역에서 운전하는 것만을 언급하고 상세한 것에 대하여는 생략했다. 여기서는 정회전과 역회전에 있어서의 진행각 β_0에 대한 것과 저속 영역의 전류법에 대해 약간 설명을 추가한다.

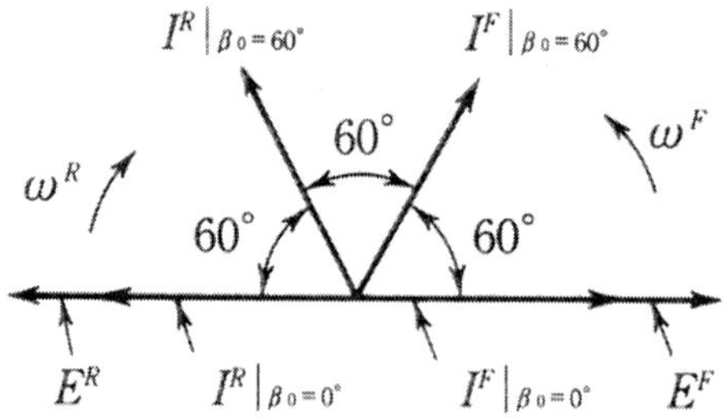

그림 4.20 진행각 β_0의 설정법

그림 4.20은 β_0 설정법을 설명하기 위한 상전압과 선전류의 관계도이다. ω^F의 각주파수로 정방향에 회전하고 있을 때 상전압 E^F가 발생한다고 한다. 위치 검출 논리 회로의 신호로서는 그림 4.11의 UP, VP, WP, UN, VN, WN의 6개를 얻을 수 있지만 β_0를 몇도로 할것인가는 근접 스위치를 움직여서 결정할 수 있다. 지금 120° 통전의 선전류의 기본파 성분이 상전압 E^F와 일치하는 위치에서 근접 스위치를 고정하면 그 때가 정회전 시에 $\beta_0 = 0°$이다. 그림에서는 $I^F|_{\beta_0 = 0°}$의 기호로 선전류의 위상을 나타내고 있다. $\beta_0 = 0°$의 운전은 토크 계수가 가장 크고 토크 맥동도 작지만 역기전력에 의한 전류(轉流)를 할 수 없기 때문에 강제 전류(轉流) 또는 다음에 다루는 전류(轉流) 단속에 의한 전류를 실시할 필요가 있다. 일반적으로는 $\beta_0 = 60°$로 운전하는 것이 보통이며 선전류가 $I^F|_{\beta_0 = 60°}$의 위치가 되도록 상기 6개의 논리 회로의 출력 신호를 바꿔 넣어 사이리스터에 준다.

역방향으로 ω^R로 회전하면 상전압 E^R는 E^F와 극성이 반대로 되므로 $I^F|_{\beta_0 = 0°}$때의 게이트 신호를 180° 늦추어 사이리스터에 주면 선전류는 $I^R|_{\beta_0 = 0°}$의 위치가 된다. 역전에 있어서의 $\beta_0 = 0°$의 운전이다. 이와 같이 생각하면 역전 시에 있어서의 $\beta_0 = 60°$의 운전은 상전압 E^R에 대해서 60° 진행된 $I^F|_{\beta_0 = 60°}$의 위상에 있을 때이다. $\beta_0 = 0°$에서의 전류(轉流)는 저속 영역으로 한정하면 그림 4.21에 나타내는 전류(轉流) 단속 전류법이 유효하고 기동 시에 상용되고 있다.

이것은 사이리스터 정류자가 정류할 때 마다 정류의 조임 신호를 발생하고 컨버터 CON의 위상각을 $\alpha = 180°$쪽으로 하여 일단 전기자전류 I_S를 0으로 한다. 그 후 사이리스터의 저지 능력이 회복하는 데 필요한 전류 0인 기간을 두고 재차 다음 모드의 점호신호를 주는 것이다. 전류의 0인 기간은 실효 전기자전류가 줄어들게 되므로 정격 속도의 10% 정도가 한계이며 그 이상의 영역에서는 역기전력에 의해 전류가 행해진다.

무정류자 전동기의 속도제어 시스템에 대해서는 β_0의 변경과 함께 전류 단속 전류(轉流)와 역기전력 전류(轉流)의 전류(轉流)법의 변경도 행해진다.

2. 정전류 3-펄스 사이클로 컨버터 무정류자 전동기의 구동 회로로서 3.3.3절에서 언급한 정전류 3-펄스 사이클로 컨버터를 사용하는 방식도 잊어서는 안된다. 교류전동기의 구동 방식으

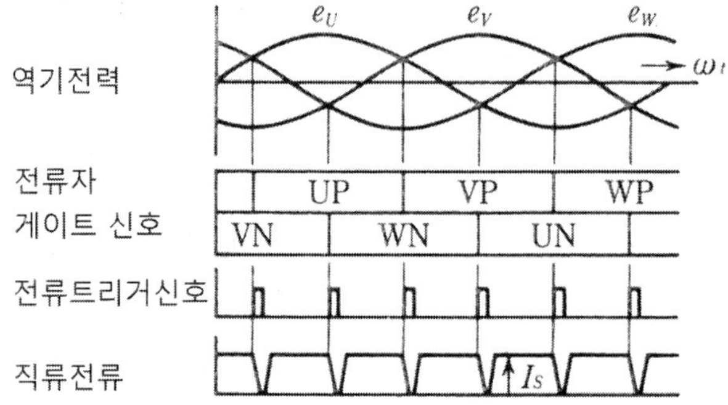

그림 4.21 전류 단속 전류법

로서 자세히 설명하기 때문에 중복하여 설명하지 않지만 그림 4.19에 대해 가는 파선으로 둘러싸고 있는 구동 회로의 부분을 그림 3.18의 사이클로 컨버터로 옮겨놓는 것만으로 가능하게 된다. 속도가 낮을 때, β_0를 0°로 설정하고 고속 영역에서 60°로 변경하면 저속 영역에서의 전류 단속 시동 대신 전원 전류로 행해진다고 생각하면 된다.

4.3 동기전동기의 정현파 전류에 의한 구동

무정류자 전동기의 전기자전류는 120° 통전형의 구형파이지만 기본파 전류 외에 고조파 성분을 가지기 때문에 $\beta_0 = 0°$로 운전하여도 토크 맥동은 남는다.

그림 4.22는 구형파 전류와 정현파 전류에서 토크 특성이 어떻게 되는지 설명하는 것이다. 그림 4.7과 같은 3상 반파 인버터에 구형파 전류를 한 방향으로만 흘리면 그림 4.22(a)와 같이 유도기전력을 3상 반파 정류한 파형이 인버터의 직류 측에 나타난다. 이 정류 전압에 직류 전류(일정치) I_S를 곱한 것이 전력이다. 따라서 정류 전압 파형에 맞은 전력의 변동(결과적으로 토크의 변동)이 남는다. 변동의 크기는 50%가 된다.

그림 (b)는 그림 4.8과 같은 120° 통전형의 구형파 전류를 전기자코일에 흘렸을 경우로 인버터의 직류 측에는 3상 전파 정류를 하여 직류 전압이 나타난다. 이 정류 전압에 직류 전류(일정치) I_S를 흘려 정류 전압 파형에 맞는 전력의 변동(결과적으로 토크의 변동)이 남는다. 변동 분의 크기는 13%이다. 이 크기가 문제가 될지 어떨지는 대상이 되는 부하로 정해지지만 정밀한 용도에서는 새로운 토크 맥동의 경감이 요구된다. 이를 위해 사이클로 컨버터나 PWM 제어법을 이용해 정현파 전류를 공급하면 토크 맥동을 완전하게 없앨 수 있다.

그림 (c)에서는 상전압과 상전류가 일치하게 그려져 있다. 자속으로 보면 회전자의 자속과 전기자전류가 같은 정현파로 직교 관계에 있다. 이러한 전압, 전류 관계에 있을 때 전력(나아가서는 토크)은 일정하게 되어 맥동 성분이 없다. 이것이 동기전동기의 이상적인 토크 특성이다.

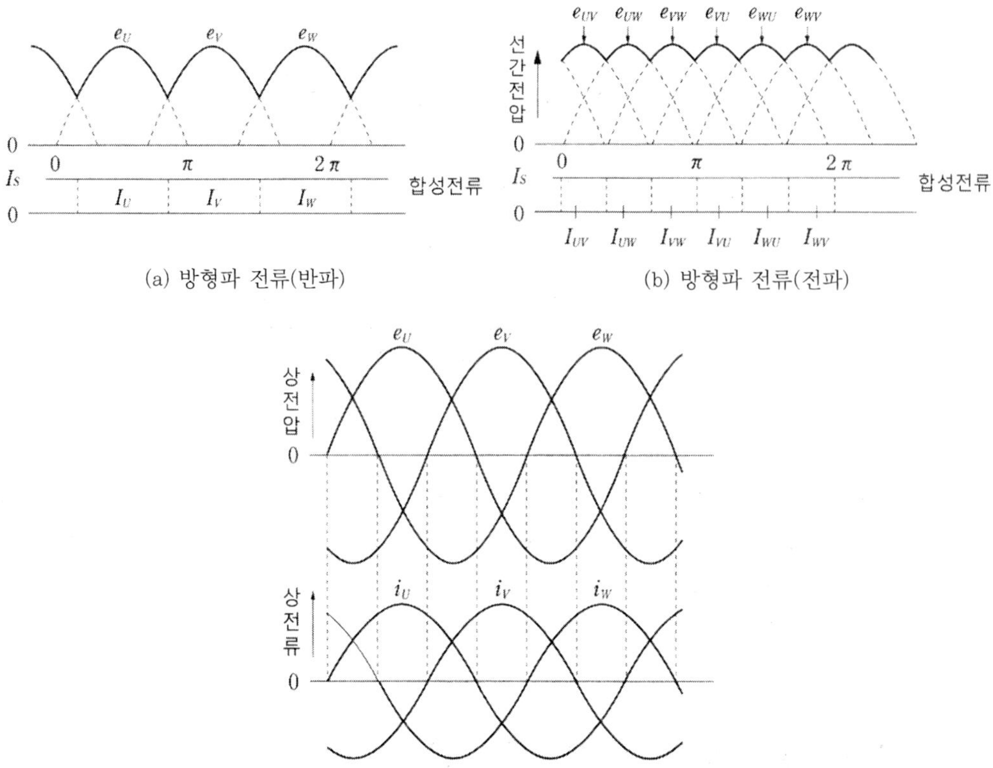

(a) 방형파 전류(반파)

(b) 방형파 전류(전파)

(c) 정현파 전류

그림 4.22 구형파 전류와 정현파 전류에서 토크 특성의 차이

그림 4.23과 4.24는 가장 이상적인 동기전동기의 구동 방식으로 토크 맥동을 작게 하기 위해서 전기자에 정현파 전류를 공급하고 있다.

예를 들어 전류 지령 I_0(절대치)는 속도제어 회로로부터 속도 오차를 없게 하는 토크 지령으로서 주어진다. 한편, 회전자의 위치는 근접 스위치, 홀 소자, 혹은 펄스 엔코더 등에 의해서 검출되지만 검출된 신호는 회전자의 자속의 위치를 나타내고 있다. 이 자속의 위치와 직교하는 위치에 전기자가 만드는 합성 자속이 만들어지도록 전기자전류를 결정하게 되지만 전기자코일이 3상이며 전기각 $2\pi/3$씩 어긋나 감겨지고 있으므로 전류도 이에 대응시킬 필요가 있다. 따라서 정현파 발생기에 의해 단위 정현파는

$$\left.\begin{aligned} i_u &= \sin\theta \\ i_v &= \sin\left(\theta - \frac{2\pi}{3}\right) \\ i_w &= \sin\left(\theta - \frac{4\pi}{3}\right) \end{aligned}\right\} \tag{4.24}$$

를 만들어 전류 i_u의 위상을 u상의 유도기전력에 일치(전류 i_u와 자속은 직교하는 것)하도록 위상을 결정한다. u상이 정해지면 v, w상의 위상도 정해진다. 전류 지령 I_0(절대치)와 상기 단위

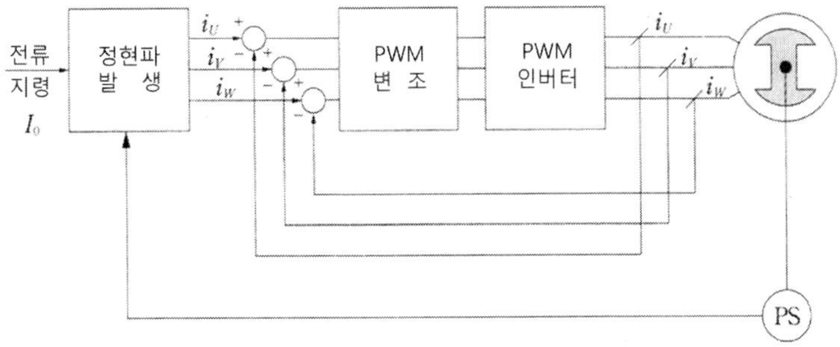

그림 4.23 PWM 인버터에 의한 구동

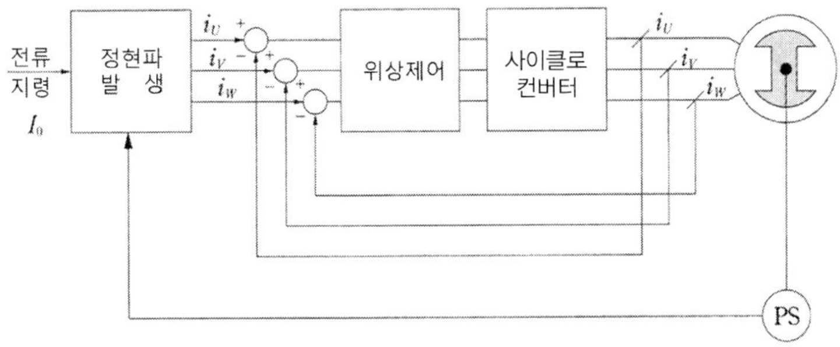

그림 4.24 정현파 사이클로 컨버터에 의한 구동

정현파를 걸면 그것이 u상, v상, w상의 상전류 지령이 된다. 다음은 통상의 전류 제어계를 구성하면 되고, 검출된 상전류와 비교해 전류 오차에 따라 그림 4.23에서는 PWM 인버터를 그림 4.24에서는 사이클로 컨버터를 제어해 그 출력 전류를 정현파로 제어한다.

예제 4.8 동기전동기의 토크 T는 식 (4.2)에서 다음과 같이 주어진다. u상을 의미하는 첨자를 생략해 다시 써보면

$$T = p\frac{m}{\omega}\left\{\frac{E_0' V}{X_d}\sin\delta + \frac{V^2}{2}\left(\frac{1}{X_q} - \frac{1}{X_d}\right)\sin 2\delta\right\}$$

마찬가지로 무정류자 전동기의 토크는 식 (4.19)에 의해 다음과 같이 주어졌다.

$$\tau = K\phi_0 I\cos\beta_0 - \frac{1}{2}I^2(L_d - L_q)\sin 2\beta_0$$

토크를 나타내는 두 개의 식의 의미를 설명하라.

풀이 (1) **동기전동기의 토크** : 회전자에 부하를 걸면 전원 전압 V에 대해서 유도기전력 E_0'이 내부 상차각 δ만큼 늦어져 전기자에는 지연 전류 I가 흐르고 자속과 전류의 작용으로 토크가 발생한다. 극쌍수를 1로 하고 1상분의 토크에 고쳐 쓰면

$$T = \frac{E_0'}{\omega}\frac{V}{X_d}\sin\delta + \frac{V^2}{2\omega}\left(\frac{1}{X_q} - \frac{1}{X_d}\right)\sin 2\delta \qquad (4.25)$$

$$= K\phi_0\frac{V}{X_d}\sin\delta + \frac{V^2}{X_d X_q}(L_d - L_q)\sin\delta\cos\delta$$

X_d, X_q는 전기자전류가 흐름에 따라 발생한 전압강하를 임피던스로 나타낸 것이며, d축은 ϕ_0의 방향 성분, q축은 ϕ_0와 직교하는 E_0방향 성분을 의미한다.

$$V\sin\delta = I_q X_q,\ \ V\cos\delta = K\phi_0\omega + I_d X_d$$

토크를 다시 고쳐 쓰면

$$T = K\phi_0 I_q + (L_d - L_q)I_d I_q = K\phi_0 I_q + (L_d I_d)I_q - (L_q I_d)I_q \tag{4.26}$$
$$= K\{\phi_0 I_q + \phi_d I_q - \phi_q I_d\}$$

우변의 제1항은 주자속과 전기자전류에 의한 토크, 제2항은 d축 전기자 반작용 자속과 q축 전류에 의한 토크, 제3항은 q축 전기자 반작용 자속과 d축 전류에 의한 토크를 의미하고 이것을 합성된 것이 전체 토크이다.

(2) **무정류자 전동기의 토크** : 유도기전력에 대해 β_0만큼 앞선 전류를 흘리므로 일반적으로는 앞선 전류이다. 이 위상각 β_0는 불변으로 회전자에 부하를 걸면 속도가 줄어드는 방향으로 이동하고 부하 전류가 흐른다. 동기전동기로 내부 상차각이 발생해 지연 전류가 흐르는 것과 다르다. d축과 q축의 방향은 앞에서 서술한 것과 같다.

$$\tau = K\phi_0 I\cos\beta_0 - \frac{1}{2}I^2(L_d - L_q)\sin 2\beta_0 \tag{4.27}$$
$$= K\phi_0 I\cos\beta_0 - I^2 L_d \sin\beta_0\cos\beta_0 + I^2 L_q \sin\beta_0 \cos\beta_0$$

여기서, 식 (4.13)의 관계와

$$I_d = I\sin\beta_0,\ I_q = I\cos\beta_0$$

의 관계를 이용하면 토크를 고쳐 쓸 수 있다.

$$\tau = K\left\{(\phi_0\cos\beta_0)I - \left(\frac{IL_d}{K}\sin\beta_0\right)(I\cos\beta_0) + \left(\frac{IL_q}{K}\cos\beta_0\right)(I\sin\beta_0)\right\} \tag{4.28}$$
$$= K\{(\phi_0\cos\beta_0)I - \phi_d I_q + \phi_q I_d\}$$

식 (4.28)에 대해서도 우변의 제1항은 주자속과 전기자전류에 의한 토크, 제2항은 d축 전기자 반작용 자속과 q축 전류에 의한 토크, 제3항은 q축 전기자 반작용 자속과 d축 전류에 의한 토크를 의미하고 이것을 합성한 것이 전체 토크이다.

식 (4.26)과 식 (4.28)은 돌극기의 토크로서 같은 의미를 가지고 있다. 다만 일부 부호의 차이가 나고 있지만 전류가 늦는지 앞서는지에 따라 전기자전류에 의한 반작용 토크의 방향에 차이가 나고 있다.

유도전동기의 구동

이 장의 목적

1. 유도전동기의 등가회로가 유도되는 과정을 복습하고 구체적인 문제에 따라 특성식을 계산할 수 있도록 한다.
2. 제어 파라미터로서 (V/f)비 또는 슬립 주파수를 제어하는 방법을 특성식을 기초로 설명할 수 있다.
3. 유도전동기를 직류전동기 같은 수준으로 운전하기 위해서, 1차 전류를 여자 전류 성분과 토크 전류 성분으로 나누어 논의할 수 있도록 한다.
4. 좌표변화의 의미를 이해하여 고정자 좌표계로부터 회전자 좌표계로 계산 또는 그 반대의 변환을 할 수 있도록 한다.
5. 구체적인 벡터 제어 시스템의 구성을 이해한다.

예제 5.1 유도기의 원리와 등가회로를 복습하고 어떠한 파라미터를 조작하면 속도나 토크를 바꿀 수 있을지에 대해서 검토하라.

풀이 [1] 유도기의 전압, 전류, 전력 관계는 전기기기공학 I (개정판) 4.3.2절에, 등가회로에 대해서는 4.4.1절에, 자세하게 해설되어 있다.

(1) **유도기의 등가회로와 벡터도** : 회전자가 정지하고 있는 다상 유도전동기에서 1차 코일에 V_0인 전압을 가하면 여자 전류 I_0가 흐르고 따라서, 회전 자속 Φ가 발생한다. 이 자속에 의해서 1차·2차 코일에는 권수 비에 비례한 기전력이 유도된다. 2차 코일에 전류가 흐르면, 1차 측에는 2차 전류에 의한 기자력을 상쇄시키는 1차 부하 전류 I_1'가 흘러 1차 전류는 $I_0+I_1'=I_1$이 된다. 이것은 2차 코일이 단락되어 있는 변압기와 같다.

다음으로, 회전자가 슬립 s로 회전하고 있을 때를 생각해보자. 기자력의 공간 분포는 정지의 경우와 같이 동기 속도로 회전하므로, 1차 측의 유도기전력은 정지 때와 같고 2차 측의 유도기전력은 정지 상태 때의 s배가 된다.

즉, 유도기 특유의 슬립 s가 발생함으로써 변압비가 바뀐다고 볼 수 있다.

상기의 원리를 이용하여 1차·2차의 변압비, 변류비가 1인 변압기의 등가회로로 바꾸어 놓은 것이 그림 5.1 (a)의 등가회로이다. 1차 측에서 본 전력이 등가 변환 전과 변환 후에 같게 되도록 본래의 변압비, 변류비를 고려해 2차 회로의 저항과 인덕턴스가 r_2', x_2'로 변경된다.

그림 (b)에 벡터도를 나타내고 있다. 동기기의 벡터도(그림 4.5)에 대해서 반시계 방향으로 회전시키고 있다.

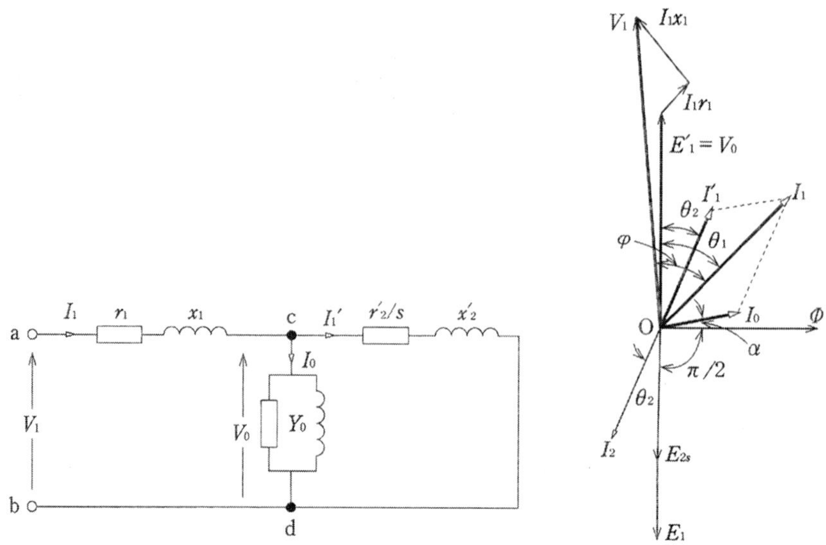

(a) 등가회로 (b) 벡터도

그림 5.1 유도기의 등가회로와 벡터도

여자 전류 I_0는 Φ에 대해 α만큼 앞선 여자 손실이 발생한다. 자속 Φ에 대해서 늦은 위상에 유도기전력 E_1, E_2가 생기고 2차 전압 E_{2s}는 슬립에 의해서 바뀐다. 전압 E_{2s}에 대해 θ_2 늦은 2차 전류 I_2가 흘러 그 기자력을 상쇄시키는 1차 부하 전류 I_1'가 흐른다. 벡터도에서는 $I_1' =- I_2$로서 그리고 있다. 1차 회로의 유도기전력에 대해서는 전동기의 동작을 생각할 때는 유도기전력의 방향을 반대로 취해 $E_1' =- E_1$로 하고, 이것이 여자 전압에 같다고 ($E_1' = V_0$) 하면, 전동기 구동 시에 외부 전원으로부터 E_1'에 대하여 I_1이 흐른다. 따라서 I_0과 I_1'의 합성치 I_1에 의해 1차 누설 인덕턴스 강하가 일어나 1차 전압 V_1이 얻어진다.

또한, 등가회로에서

$$\frac{r_2'}{s} = r_2' + \frac{1-s}{s} r_2'$$

이므로, 우변 제1항은 본래의 2차 저항 성분, 제2항의 저항은 기계적 출력으로 변환된 전력에 상당하는 등가 저항이다.

(2) **유도전동기 제어법** : 등가회로에서 V_1은 공급 전압, V_0는 내부 유기 전압(여자 전압), Y_0는 여자 어드미턴스로 컨덕턴스는 철손 저항, 서셉턴스는 자화 전류를 결정한다. 또, 점 ab에서 본 전력이 1차 입력(전입력), cd에서 본 전력 중 I_0는 여자 전력, I_1'는 2차 입력을 결정한다. 유도기의 제어를 실시할 때는 ① V_1을 변경하는, ② V_0를 변경하는, ③ 이것들을 주파수와 함께 V_1/f, V_0/f로서 변경하는 방법을 생각할 수 있다. 2차 회로로 제어하는 경우는 슬립 s를 변경하는 것이 이전부터 채용되고 있다. 특별한 권선형 회전자로 한정되지만, 2차 회로에 별도의 전원을 접속하여 2차 회로에 전력을 주입하는 것도 가능하다. 근래에는 정밀한 제어가 가능하기 때문에, 여자전류 I_0와 2차 전류 I_1'의 크기와 위상을 적극적으로 제어하는 경우도 있다. 이것을 벡터제어라고 한다.

5.1 전압/주파수(V/f) 제어의 필요성[2)]

5.1.1 등가회로로부터 유도되는 특성

앞의 예제를 이용한 등가회로는 변압기 등가회로를 충실히 답습하여 유도전동기와의 관련성을 설명하고 있다. 이것을 기초로 유도전동기를 제어할 때 필요한 특성을 구하지만, 여자어드미턴스 Y_0중 여자컨덕턴스를 무시하고 여자서셉턴스만을 생각해보자. 그 이유는 전기기기공학 I, 3.1.2절에 기재되어 있듯이 여자전류는 소용량기로 정격 전류의 2%, 대용량기가 되면 0.2% 정도이며, 철손을 발생하는 여자컨덕턴스를 무시해 유도전동기의 동작에 본질적인 영향을 주는 여자서셉턴스만을 남겨도 문제가 없기 때문이다.

그림 5.2의 등가회로를 기초로 하여 특성식을 구한다.

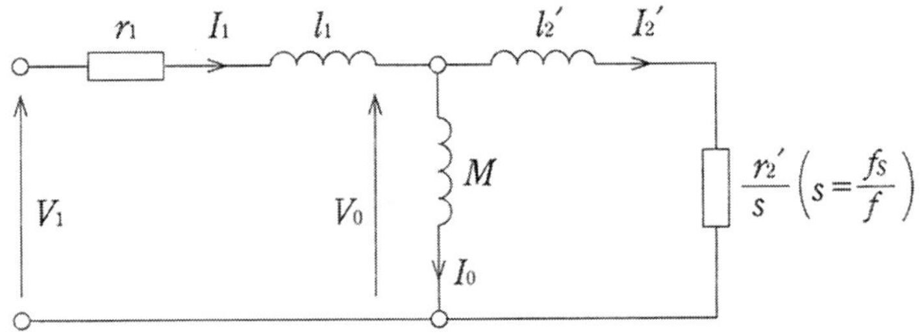

그림 5.2 유도전동기의 T형 등가회로

l_1 : 1차 누설 인덕턴스, l_2' : 2차 누설 인덕턴스의 1차 측 환산치

r_1 : 1차 저항, r_2': 2차 저항 r_2의 1차 측 환산치

M : 1차와 2차의 상호유도(여자유도계수)

I_1 : 1차 전류, I_0 : 여자 전류, I_2' : 2차 전류의 1차 측 환산치

V_1 : 단자전압, V_0 : 내부 유기전압, s : 슬립

등가회로에 대해 회로 방정식을 세우면 다음 식과 같이 된다.

$$V_1 = (r_1 + \mathrm{j}\,\omega_1 l_1)I_1 + \frac{\mathrm{j}\,\omega_1 M(r_2'/s + \mathrm{j}\,\omega_1 l_2')}{\mathrm{j}\,\omega_1 M + (r_2'/s + \mathrm{j}\,\omega_1 l_2')} I_1 \tag{5.1}$$

단, $\omega_1 = 2\pi f_1$: 1차 각주파수

식 (5.1)로부터 1차 전류를 구하면 다음 식과 같이 된다.

$$I_1 = \frac{V_1}{(r_1 + \omega_1 A) + \mathrm{j}(\omega_1 B)} = |I_1| e^{-\mathrm{j}\theta_1} \tag{5.2}$$

여기서

$$A = \frac{(r_2'/\omega_s)M^2}{(r_2'/\omega_s)^2 + (M + l_2')^2} \tag{5.3}$$

$$B = l_1 + \frac{(r_2'/\omega_s)^2 + l_2'(M + l_2')}{(r_2'/\omega_s)^2 + (M + l_2')^2} M \quad (5.4)$$

$$|I_1| = \frac{V_1}{\sqrt{(r_1 + \omega_1 A)^2 + (\omega_1 B)^2}} \quad (5.5)$$

$$\theta_1 = \tan^{-1}\left(\frac{\omega_1 B}{r_1 + \omega_1 A}\right) \quad (5.6)$$

또한, $\omega_s = 2\pi f_1 s$이며, 슬립 각주파수이다. 또, I_1은 1차 전류의 크기, θ_1은 역률각이다. 식 (5.2)를 고쳐 쓰면

$$V_1 = \{(r_1 + \omega_1 A) + \mathrm{j}(\omega_1 B)\} I_1$$

위 식에 I_1을 곱하면, 유도전동기의 전력 관계식을 얻을 수 있다.

$$\underset{\text{1차 입력}}{V_1 I_1} = \underset{\text{1차 동손}}{r_1 I_1^2} + \underset{\text{2차 입력}}{\omega_1 A I_1^2} + \underset{\text{여자 전력}}{\mathrm{j}(\omega_1 B) I_1^2} \quad (5.7)$$

이 관계를 에너지의 흐름으로 도시한 것이 그림 5.3이다.

위 식의 여자 전력은 자속을 만들기 위한 무효 전력이며, 먼저 말한 철손 성분은 이론 식에는 나타나지 않는다. 이 2차 측 동손이 충분히 작다고 하면, 식 (5.7) 제2항의 2차 입력 식 $\omega_1 A I_1^2$이 기계 출력으로 변환된다. 1차의 상수를 m_1, 극쌍수를 p, 회전 각주파수를 ω_r, 토크를 T로 하면

$$m_1 \omega_1 A I_1^2 = m_1 p \omega_r A I_1^2 = \omega_r (m_1 p A I_1^2) = \omega_r T \quad (5.8)$$

따라서 토크 T는 다음과 같이 된다.

$$T = m_1 p A I_1^2 \quad (5.9)$$

여기서, $r_1 \ll \omega_1 A$로 하여 식 (5.5)를 정리하면, 전류의 (V/f)의존성, 토크의 (V/f)의존성 등 전력전자공학을 구사하여 제어할 때 방향 설정을 얻을 수 있다.

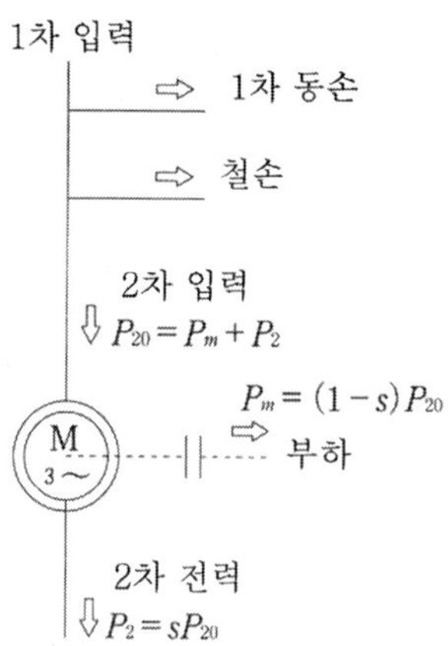

그림 5.3 에너지의 흐름

$$|I_1| = \frac{V_1/\omega_1}{\sqrt{A^2 + B^2}} \tag{5.10}$$

$$T = m_1 p \frac{A(V_1/\omega_1)^2}{A^2 + B^2} \tag{5.11}$$

다음으로, 공극 자속 Φ를 구하기 위해서 등가회로의 2차 측 폐회로에 대해 회로 방정식을 세운다.

$$\mathrm{j}\omega_1 M I_0 = (r_2'/s + \mathrm{j}\omega_1 l_2') I_2 \tag{5.12}$$

$MI_0 = \Phi$, $s\omega_1 = \omega_s$인 것을 고려하면 자속 Φ는 다음 식과 같이 구할 수 있다.

$$\Phi = \frac{\sqrt{(r_2')^2 + (\omega_s l_2')^2}}{\omega_s} I_2' = \sqrt{\frac{(r_2')^2 + (\omega_s l_2')^2}{(r_2')^2 + \{\omega_s(M + l_2')\}^2}} M I_1 \tag{5.13}$$

식 (5.3), 식 (5.13)의 관계를 고려하여 토크 식 (5.9)를 고쳐 쓰면 토크를 자속에 의해서 나타낼 수 있다.

$$T = m_1 p \frac{\omega_s r_2'}{(r_2')^2 + (\omega_s l_2')^2} \Phi^2 \tag{5.14}$$

식 (5.14)에서 토크는 공극 자속의 제곱에 비례한다.

예제 5.2 식 (5.14)를 유도하라.

풀이

$$A = \frac{\omega_s r_2' M^2}{(r_2')^2 + \omega_s^2 (M + l_2')^2}$$

$$I_1^2 = \frac{\Phi^2}{M^2} \frac{(r_2')^2 + \omega_s^2 (M + l_2')^2}{(r_2')^2 + (\omega_s l_2')^2}$$

이 두 개의 식을 식 (5.9)에 대입하면 식 (5.14)가 유도된다.

5.1.2 유도기의 토크 특성에 관한 검토

식 (5.14)의 토크에 대해 식 (5.13)을 고려하여 변형해 보면

$$T = \frac{m_1 p \omega_s r_2' M^2 I_1^2}{(r_2')^2 + \{\omega_s(M + l_2')\}^2} = \left[\frac{m_1 p \omega_s r_2' M}{\sqrt{(r_2')^2 + \{\omega_s(M + l_2')\}^2} \sqrt{(r_2')^2 + (\omega_s l_2')^2}} \right] \Phi I_1 \tag{5.15}$$

여기서, 식 (5.15)의 성질을 알기 위해서 [ ]를 k로 두고 $T = k\Phi I_1$의 형식으로 정리한다고 하면, k로써 다음의 관계식을 얻을 수 있다.

$$k = m_1 p \underbrace{\frac{\omega_s M}{\sqrt{(r_2{}')^2 + \omega_s^2 (M + l_2{}')^2}}}_{\approx 1} \underbrace{\frac{r_2{}'}{\sqrt{(r_2{}')^2 + (\omega_s l_2{}')^2}}}_{\approx 1} \tag{5.16}$$

여자인덕턴스 M을 2차 저항 $r_2{}'$나 2차 누설 인덕턴스 $l_2{}'$에 비해 충분히 크고 또한 2차 측 누설 인덕턴스 $l_2{}'$는 2차 저항 $r_2{}'$에 비해 충분히 작다고 보면, k는 식 (5.16)에서 정수로 볼 수 있다. 결국 복잡한 형태를 한 유도전동기의 토크의 식 (5.16)은 $T = k\Phi I_1$의 형태를 한 타여자 직류 전동기의 토크와 유사한 특성을 나타낸다. 단, 자속은 적지만 슬립 각주파수에 관계하기 때문에 직류기와 완전히 같지는 않다.

5.1.3 1차 전압 제어와 V/f 제어

1. **1차 전압 제어** : 토크와 1차 전압과의 관계는 식 (5.11)로 나타나고 있다. 즉,

$$T \propto V_1^2 \tag{5.17}$$

의 관계가 있어, 동기 속도가 변하지 않기 때문에 동기 속도 이하로 토크를 바꾸려고 전압을 내리면, 토크는 전압의 제곱에 비례하여 감소한다. 이런 특성으로 적용할 수 있는 부하는 팬 등 특수한 용도에 한정된다.

전압 제어에 즐겨 사용되는 반도체 소자가 양방향 3단자 사이리스터이다. 제1장에서는 특수한 소자이기 때문에 많이 설명하지 않았으나 그림 5.4와 같이 두 개의 사이리스터를 사용하여 하나의 게이트를 양방향 전류 제어하는 것으로 생각하면 된다. 게이트는 단 방향 신호 전류로 두 방향의 주전류를 제어할 수 있으며 주전압·주전류 특성은 그림 5.5에 보인 바와 같이 전류의 방향에 의존하지 않는다.

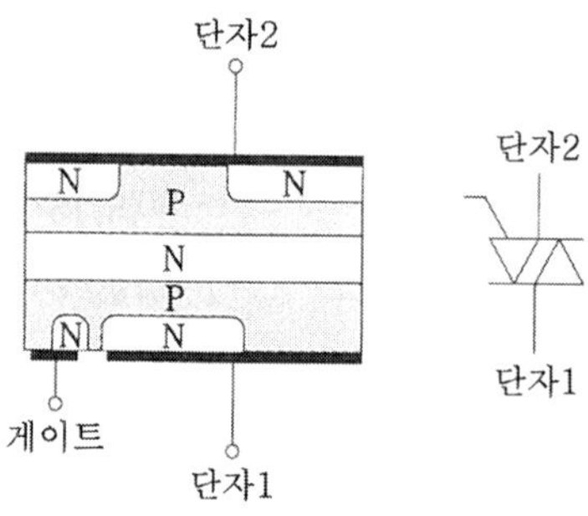

(a) 구조 (b) 기호

그림 5.4 트라이악의 구조 및 기호

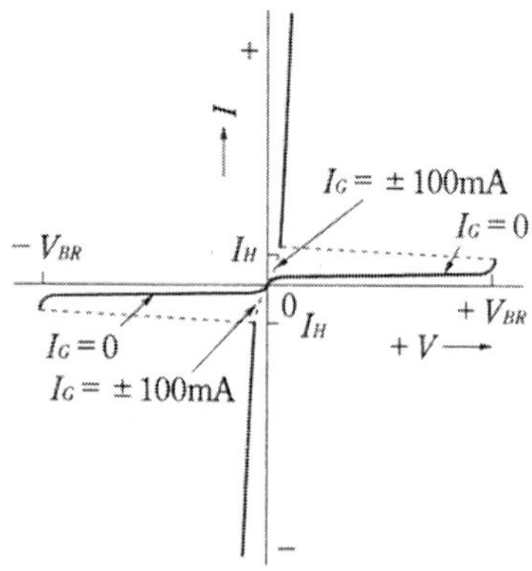

그림 5.5 트라이악의 주전압 전류의 특성 예

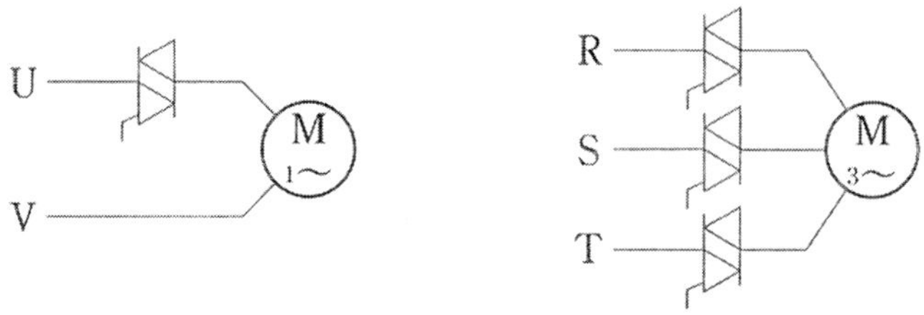

(a) 단상기 (b) 3상기

그림 5.6 유도전동기의 전압 제어

트라이악을 이용해 유도전동기를 구동하는 예를 그림 5.6에 나타내었다. 그림 (a)가 단상 전동기의 경우, 그림 (b)가 3상 전동기에 적용했을 경우이다. 이 방식의 최대의 결점은 주파수를 바꿀 수 없는 것이며, 그림 (b)와 같이 소자수가 많아지면 이점이 없어지고 인버터 식으로 하는 편이 좋다고 하는 의견도 있다.

2. V/f 제어 1차 전압만을 제어하면 토크 특성의 나빠지므로 용도가 한정된다는 것은 이미 서술하였다. 여기서 앞서 말한 특성식에 $r_1 \ll \omega_1 A$를 가정하면, 1차 전류 I_1, 토크 T, 공극 자속 Φ는 각각

$$\left.\begin{array}{l} \text{식 (5.10)을 보면 } I_1 \propto \dfrac{V_1}{\omega_1} \\ \text{식 (5.13)을 보면 } \Phi \propto \dfrac{V_1}{\omega_1} \\ \text{식 (5.11)을 보면 } T \propto (\dfrac{V_1}{\omega_1})^2 \end{array}\right\} \quad (5.18)$$

와 같이 된다.

1차 저항에 의한 전압강하 $r_1 I_1$의 영향을 무시할 수 있는 고주파 운전 영역에서는 ω_s가 일정하다면, 1차 전류 I_1과 자속은 (V_1/ω_1)에 비례하고, 토크 T는 $(V_1/\omega_1)^2$에 비례한다. 그러나 저주파 영역에서는 $r_1 I_1$의 영향이 크고, 토크 T나 자속 Φ는 감소하는 경향을 나타낸다. 그림 5.7에 본 방식의 특성의 일례로서 5.5 kW 유도기에 대한 실험 결과를 나타낸 것으로 굵은 선은 토크, 가는 선은 1차 전류이다.

또 하나의 제어법으로서, 내부 유기 전압/주파수(V_0/f_1)를 일정하게 제어하는 방식이 가능하다. 이 제어는 V_1을 검출해 등가회로에 의해 1차 임피던스 강하$(r_1 + j\omega_1 l_1)I_1$을 빼고 내부 유기 전압 V_0를 연산한다. V_0/f_1이 일정하게 되도록 제어하면, 자속 Φ는 I_1의 영향을 받지 않게 된다. 그 특성은 그림 5.8과 같이, 저주파 영역에 있어도 ω_s가 일정이라면 토크의 저하는 거의 없고 큰 폭으로 개선된다.

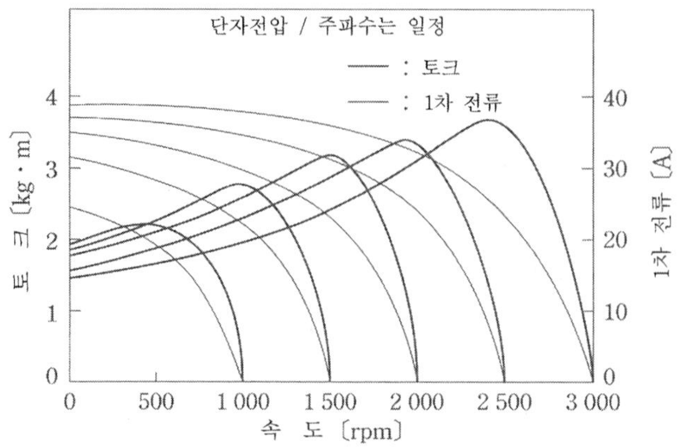

그림 5.7 토크 및 1차 전류의 특성(1)

V_1/f_1 제어에 사용되는 주파수 변환기에는 전압형 인버터, 전류형 인버터, 사이크로 컨버터가 있다. 전류형 인버터에 의한 V_1/f_1 제어의 계통도를 그림 5.9에 나타내었다. 컨버터 CON은 AC-DC변환기, 인버터 INV는 DC-AC변환기이며, 속도 제어법은 직류기나 무정류자 전동기와 다르지 않다. 속도 설정기로 설정한 속도(주파수) 지령 신호와 속도 검출기 SS의 신호를 증폭기 A_1에 대해 비교·증폭해, 전류 지령 신호를 만든다. 전류 지령 신호는 증폭기 A_2로 컨버터의 출력 전류와 비교한다. 증폭기 A_2의 출력은 컨버터의 전압 신호가 되어, 그 결과에 따라 컨버터의 출력전압을 조정한다. 한편, 전압 신호에 비례한 주파수의 발진기를 발진시켜, 그 발진기의 출력에 의해 인버터의 주파수를 결정한다.

V_0/f_1 제어를 실시할 때는 증폭기 A_2의 출력을 1차 임피던스 강하 분만큼 보정할 필요가 있지만, 속도 제어의 기본은 변하지 않는다.

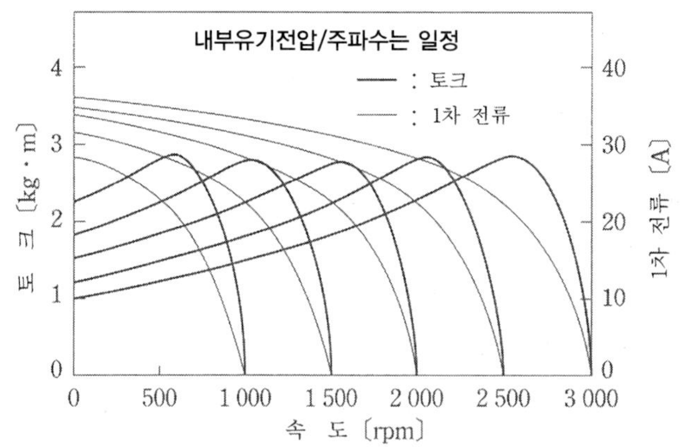

그림 5.8 토크 및 1차 전류의 특성(2)

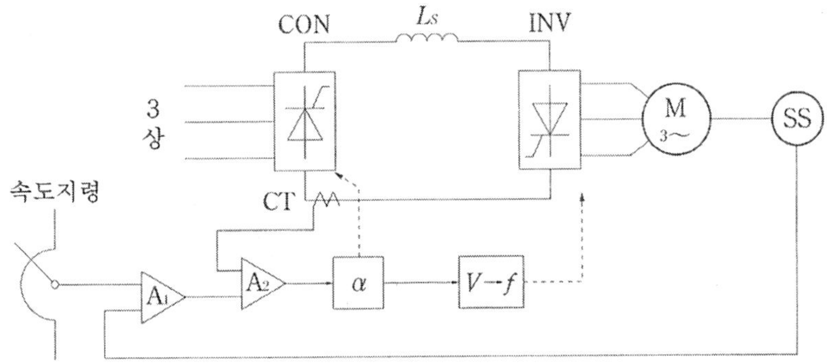

그림 5.9 전압/주파수 일정 제어

5.2 슬립 주파수 제어

유도기의 1차 주파수 f_1을 개루프로 제어하는 V_1/f_1 제어에서는 슬립 각주파수 ω_s(=$2\pi f_s$, f_s : 슬립주파수)가 부하에 따라 변하므로 정밀한 속도 제어는 곤란하다. f_1에 대해서 폐루프 제어를 하면, f_s를 직접 제어할 수 있으므로 정밀속도 제어가 실현될 수 있다. 이와 같이 f_s를 직접 제어하여 전동기 운전 때는 $f_1 = f_r + f_s$(f_r : 1차 회전자 주파수), 회생 제동 시에는 $f_1 = f_r - f_s$의 연산을 실시하여 1차 주파수 f_1을 제어하는 방법을 슬립 주파수 제어라고 부른다.

1. 일정 제어 식 (5.9), 식 (5.15)를 한 번 더 재검토하면

$$T = m_1 p A I_1^2 = \frac{m_1 p \omega_s r_2' M^2 I_1^2}{(r_2')^2 + \omega_s^2 (M + l_2')^2} \tag{5.19}$$

슬립 주파수 f_s를 일정으로 하면, A도 일정이 되어 토크는 I_1^2에 비례한다. 이것은 직류 직권 전동기와 같은 토크 특성을 얻을 수 있는 것을 의미한다.

예제 5.3 유도전동기에는 비례 추이라고 하는 특성이 있어, 1차 전류, 토크, 입력 등은 (r_2'/s)의 함수가 되는 것으로 알려져 있다. 토크식 (5.19)를 이용해 비례 추이를 설명하라.

풀이 식 (5.19) 분모에서 지배적인 크기를 나타내는 것은 여자인덕턴스이다.
따라서 분모를 $\omega_s^2 M^2$로, 놓으면 다음과 같이 된다.

$$T = \frac{m_1 p r_2'}{\omega_s} I_1^2 \propto \frac{r_2'}{s} \tag{5.20}$$

즉, 2차 저항이 2배가 되면 슬립도 2배가 되어, 슬립 대 토크의 특성이 평행이동된다.

2. 토크 계수 최대 제어 식 (5.19)에서 토크 계수가 최대가 되는 슬립 각주파수는

$$\omega_s = \frac{r_2'}{M + l_2'} \tag{5.21}$$

가 되어 임의적으로 결정할 수 있지만, 실제의 기계에서는 V_1/f_1의 값이 바뀌면 전류가 바뀌어 여자인덕턴스 M은 포화의 영향을 받는다. 따라서 보다 현실에 가까운 토크 계수가 최대가 되는 슬립 주파수는 자기 포화 특성을 고려해서 결정할 필요가 있고, 최종적으로는 실제 기계를 이용한 측정이 필요하게 된다.

그림 5.10은 토크 T와 슬립 주파수의 관계를 1차 전류 I_1을 파라미터로 나타내고 있다. 최대 토크를 얻는 슬립 주파수 f_{ST}가 I_1에 따라서 파선과 같이 이동하여 식 (5.21)의 결과와 다소 다르다. 이것은 이론적인 기계와 실제기계가 다르기 때문에 나온 결과이다.

그림 5.11은 토크 계수 최대치 제어를 실현하는 슬립 주파수 제어 시스템을 나타낸다. 앞서 언급한 그림 5.9의 V_1/f_1제어 시스템과 다른 부분은 슬립 주파수 f_s의 결정을 전류의 함수 $f_s = f(I_1)$으로 주고 최대 토크를 주는 슬립 주파수에 회전 주파수를 더하여 인버터의 1차 주파수를 결정한다. 즉,

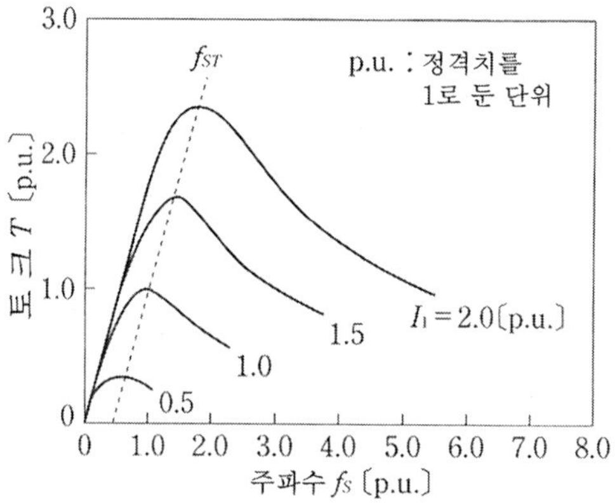

그림 5.10 토크 슬립 주파수 특성 (파라미터 : 1차 전류)

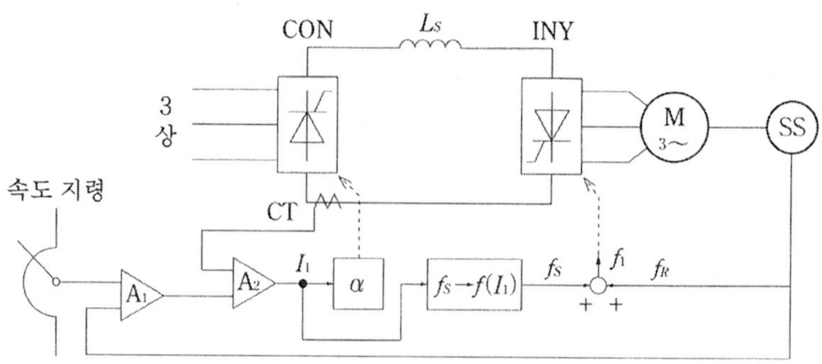

그림 5.11 슬립 주파수 제어 시스템

$$f_1 = f_r \pm f_s$$

전의 f_s 일정 제어의 경우도 같은 시스템으로 구성된다.

5.3 벡터 제어

벡터 제어는 1968년에 원리가 발표되었고, 1971년에 자속축 기준의 개념을 도입하여 명확하게 정리됐다.

예제 5.4 유도전동기의 토크 발생의 원리도 직류전동기와 동일하게 생각할 수 있다. 유도전동기와 직류전동기를 비교하여 설명하라.

풀이 그림 5.12는 그 설명도이다. 직류전동기의 경우, 자속 Φ는 계자전류 I_f로 만들어진다. 토크를 발생하는 전기자전류 I_a는 자속과 직교하도록(듯이) 전기자코일에 흘러 이때, 발생 토크 τ는

$$\tau = \Phi I_a \tag{5.22}$$

가 된다. 통상 Φ는 일정하므로, I_a를 제어함으로써 토크를 제어할 수 있다.

한편, 유도전동기에서 전압, 전류는 교류이므로 직류전동기와 동일하게 생각할 수 없으나, 그림 (b)와 같이 회전 자계상에서 관측해 자속 Φ_2를 만드는 자화 전류 성분 I_0와 부하 전류에 상당하는 토크 전류 성분 I_2로 분해한다. 자화 전류 I_0 및 토크 전류 I_2는 각각 직류전동기의 계자전류와 전기자전류에 해당하고, I_0 및 I_2는 시간에 따라 변하지 않는 직류이다. 발생 토크는 다음 식과 같이 직류전동기와 동일하게 된다.

$$\tau = \Phi_2 I_2 \tag{5.23}$$

그림 (a)의 직류전동기는 회전해도 자속과 전류의 관계가 변하지 않는다. 유도전동기에서는 자속이 정지하고 있지 않고 동기 속도로 회전하고 있기 때문에, 자속과 전류의 관계를 보이기 어렵다. 자속은 동기 속도로 회전하고 슬립에 의존하지 않기 때문에, 회전자속 위에서 보면 자속이 정지하고 있다고 할 수 있다.

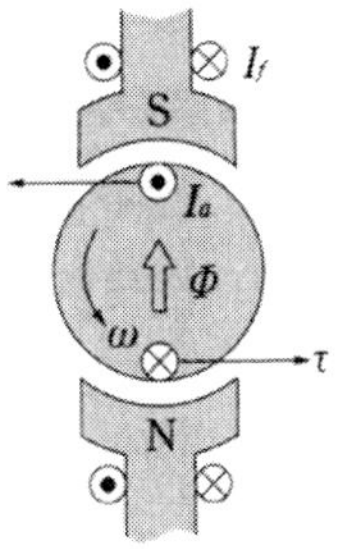

(a) 직류전동기

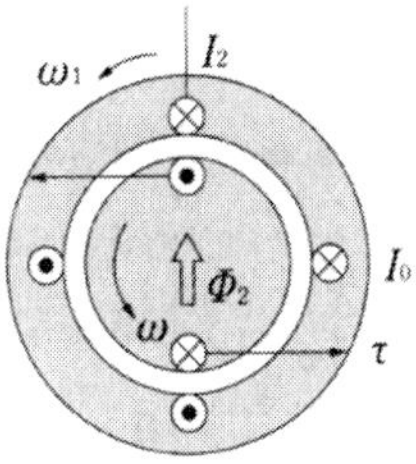

(b) 유도전동기

그림 5.12 전동기의 토크 발생 원리

이 자속으로부터 누설 자속 분을 뺀 것이 2차 자속 Φ_2이며, 2차 도체와 쇄교한다. 2차 회로에는 슬립에 비례한 유도기전력(속도기전력)에 의해서 2차 전류(토크 전류) I_2가 흐르지만, 1차 측에서 보면 동기 속도와 같은 주파수로 관측되어 회전 자속 위에서 보면 역시 정지되어 있는 것으로 볼 수 있다.

누설 자속이 충분히 작다고 하면 자화 전류 I_0와 2차 전류 I_2는 거의 직교 해서, 전동기가 정지하고 있어도 회전하고 있어도 토크는 식 (5.23)으로 나타내진다.

5.3.1 좌표계와 기본식

벡터 제어는 앞의 예제를 물리적 의미에 따라 토크를 제어하는 방식으로 I_0와 I_2를 독립적으로 제어함으로써 직류기와 동등한 특성을 얻는 것이다.

유도전동기는 일반적으로 3상기가 사용되지만, 회전자속 좌표계로 생각하기 위해서는 그림 5.13에 나타냈듯이, 3상 고정자 좌표계 a, b, c축으로부터 2상 고정자 좌표계 α, β축으로 변환하고 다시 2상 회전 자속 좌표계 d, q축으로 2단계의 좌표변화를 실시할 필요가 있다. a, b, c축으로부터 α, β축에의 변환은

$$\left.\begin{aligned} \begin{bmatrix} v_{1\alpha} \\ v_{1\beta} \end{bmatrix} &= \sqrt{\frac{2}{3}} \begin{bmatrix} 1 & -\frac{1}{2} & -\frac{1}{2} \\ 0 & \frac{\sqrt{3}}{2} & -\frac{\sqrt{3}}{2} \end{bmatrix} \begin{bmatrix} v_{1a} \\ v_{1b} \\ v_{1c} \end{bmatrix} \\ \begin{bmatrix} i_{1\alpha} \\ i_{1\beta} \end{bmatrix} &= \sqrt{\frac{2}{3}} \begin{bmatrix} 1 & -\frac{1}{2} & -\frac{1}{2} \\ 0 & \frac{\sqrt{3}}{2} & -\frac{\sqrt{3}}{2} \end{bmatrix} \begin{bmatrix} i_{1a} \\ i_{1b} \\ i_{1c} \end{bmatrix} \end{aligned}\right\} \tag{5.24}$$

로 행해진다.

2차 회로의 전압, 전류에 대해서도 같은 좌표변화가 적용되므로 α, β축 상에서의 전압 방정식은

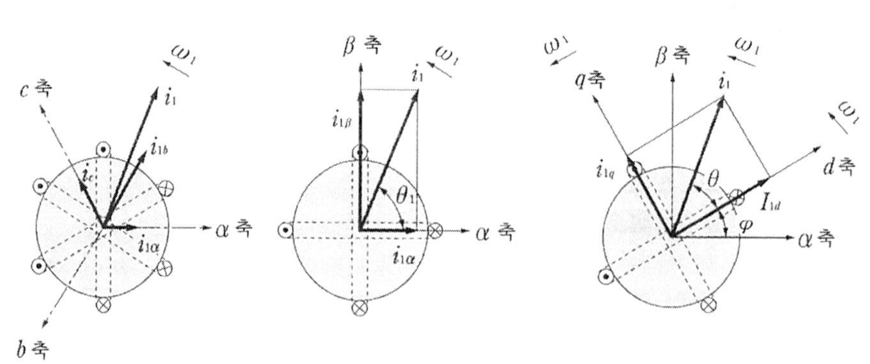

(a) 3상 모델 (고정자 좌표계) (b) 2상 모델 (고정자 좌표계) (c) 2상 모델 (회전자속 좌표계)

그림 5.13 전류 벡터의 좌표변화

$$\begin{bmatrix} v_{1\alpha} \\ v_{1\beta} \\ v_{2\alpha} \\ v_{2\beta} \end{bmatrix} = \begin{bmatrix} R_1 + pL_1 & 0 & pM & 0 \\ 0 & R_1 + pL_1 & 0 & pM \\ pM & \omega_r M & R_2 + pL_2 & \omega_r L_2 \\ -\omega_r M & pM & -\omega_r L_2 & R_2 + pL_2 \end{bmatrix} \begin{bmatrix} i_{1\alpha} \\ i_{1\beta} \\ i_{2\alpha} \\ i_{2\beta} \end{bmatrix} \tag{5.25}$$

와 같이 나타내진다.

여기서, $p = d/dt$, ω_r : 회전 각속도

또, 2차 자속 $\Phi_{2\alpha}$, $\Phi_{2\beta}$는

$$\begin{bmatrix} \Phi_{2\alpha} \\ \Phi_{2\beta} \end{bmatrix} = \begin{bmatrix} M & 0 & L_2 & 0 \\ 0 & M & 0 & L_2 \end{bmatrix} \begin{bmatrix} i_{1\alpha} \\ i_{1\beta} \\ i_{2\alpha} \\ i_{2\beta} \end{bmatrix} \tag{5.26}$$

와 같이 된다.

다음으로 2상 고정자 좌표 α, β축으로부터 2상 회전 좌표 d, q축으로 변환할 때, α축과 d축이 이루는 각을 φ로 하면 변환계수는 다음 식과 같이 된다.

$$\begin{bmatrix} d \\ q \end{bmatrix} = \begin{bmatrix} \cos\varphi & \sin\varphi \\ -\sin\varphi & \cos\varphi \end{bmatrix} \begin{bmatrix} \alpha \\ \beta \end{bmatrix} \tag{5.27}$$

식 (5.27)은 전압, 전류 및 자속의 변환에 공통적으로 사용된다. 전압 방정식 (5.25), 자속 관계식 (5.26)에 적용하면, d, q축 상에서의 특성식을 얻을 수 있다.

$$\begin{bmatrix} v_{1d} \\ v_{1q} \\ v_{2d} \\ v_{2q} \end{bmatrix} = \begin{bmatrix} R_1 + pL_1 & -\omega_1 L_1 & pM & -\omega_1 M \\ \omega_1 L_1 & R_1 + pL_1 & \omega_1 M & pM \\ pM & -\omega_s M & R_2 + pL_2 & -\omega_s L_2 \\ \omega_s M & pM & \omega_s L_2 & R_2 + pL_2 \end{bmatrix} \begin{bmatrix} i_{1d} \\ i_{1q} \\ i_{2d} \\ i_{2q} \end{bmatrix} \tag{5.28}$$

여기서, $w_s = w_1 - w_r$ 이며, w_s는 슬립 각주파수를 나타낸다.

$$\begin{bmatrix} \Phi_{2d} \\ \Phi_{2q} \end{bmatrix} = \begin{bmatrix} M & 0 & L_2 & 0 \\ 0 & M & 0 & L_2 \end{bmatrix} \begin{bmatrix} i_{1d} \\ i_{1q} \\ i_{2d} \\ i_{2q} \end{bmatrix} \tag{5.29}$$

유도기의 2차 회로는 단락되어 있으므로, $v_{2d} = v_{2q} = 0$ 이다. 식 (5.28), (5.29)에서 i_{2d}, i_{2q}를 소거하면

$$\begin{bmatrix} v_{1d} \\ v_{1q} \\ 0 \\ 0 \end{bmatrix} = \begin{bmatrix} R_1 + p\sigma L_1 & -\omega_1 \sigma L_1 & p(\frac{M}{L_2}) & -\omega_1(\frac{M}{L_2}) \\ \omega_1 \sigma L_1 & R_1 + p\sigma L_1 & \omega_1(\frac{M}{L_2}) & p(\frac{M}{L_2}) \\ -R_2(\frac{M}{L_2}) & 0 & p + \frac{R_2}{L_2} & -\omega_s \\ 0 & -R_2(\frac{M}{L_2}) & \omega_s & p + \frac{R_2}{L_2} \end{bmatrix} \begin{bmatrix} i_{1d} \\ i_{1q} \\ \Phi_{2d} \\ \Phi_{2q} \end{bmatrix} \tag{5.30}$$

와 같이 된다. 단, $\sigma = 1 - \dfrac{M^2}{L_1 L_2}$: 누설계수

2차 자속 방향을 d축, 이것과 직각 방향을 q축으로 하면

$$\Phi_{2d} = \Phi_2, \ \Phi_{2q} = 0 \tag{5.31}$$

으로 둘 수 있다. 식 (5.30)의 제3행, 제4행에 위 식의 관계를 넣으면 다음 식과 같이 된다.

$$i_{1d} = \frac{\Phi_2}{M} + \frac{L_2}{MR_2}(p\Phi_2) \tag{5.32}$$

$$\omega_s = \frac{R_2 M}{L_2 \Phi_2} i_{1q} \tag{5.33}$$

그림 5.14는 회전자속 좌표계로 표현한 유도전동기의 모델을 나타낸다.

식 (5.31) 또는 식 (5.32), 식 (5.33)이 성립할 때, 2차 자속 Φ_2, 즉 자화 전류와 토크 전류를 간섭 없이 개별적으로 제어하는 것이 가능하게 된다. 식 (5.31)을 기준으로 벡터 제어를 구성할 때, 자계 자속기준 벡터 제어라고 하고, 식 (5.32), 식 (5.33)을 기준으로 한 것을 슬립 주파수형 벡터 제어라고 부른다.

또, 발생 토크도 식 (5.27)을 변환해서 2차 자속과 2차 전류의 q축 성분의 곱으로써 나타낸다.

$$\tau = M(i_{2\alpha} i_{1\beta} - i_{2\beta} i_{1\alpha}) = M(i_{2d} i_{1q} - i_{2q} i_{1d}) \tag{5.34}$$

$$= \Phi_{2q} i_{2d} - \Phi_{2d} i_{2q} = -\Phi_2 i_{2q}$$

식 (5.29)의 2행의 i_{2q}를 구해 위 식에 대입하면, 발생 토크를 2차 자속 Φ_2와 토크 전류 i_{1q}로 나타낼 수 있다.

$$\tau = \frac{M\Phi_2}{L_2} i_{1q} \tag{5.35}$$

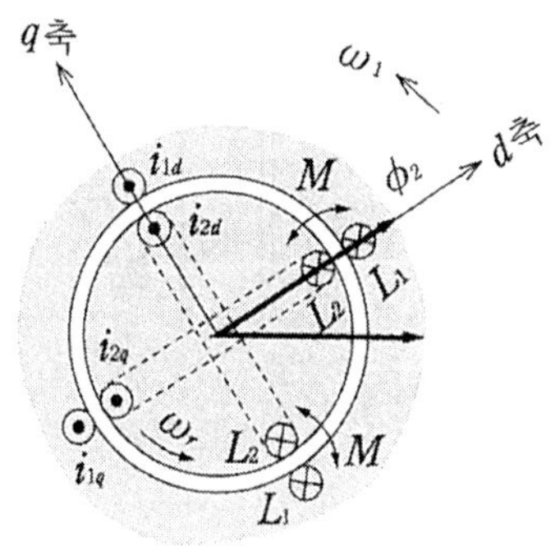

$L_1 = M + l_1$: 1차 인덕턴스
$L_2 = M + l_2$: 2차 인덕턴스
i_{1d}, i_{2d} : 1차와 2차의 d축 전류
i_{1q}, i_{2q} : 1차와 2차의 q축 전류

그림 5.14 유도전동기 모델

5.3.2 벡터 제어 시스템

1. 자계 기준형 벡터 제어도 그림 5.15는 자계 기준형 벡터 제어 시스템의 예이다.

자속 지령 Φ_2^*와 토크 지령 τ^*로부터 자화 전류 지령 i_{1d}^*와 토크 전류 지령 i_{1q}^*를 구하려면, 식 (5.32), (5.35)를 이용하고

$$i_{1d}^* = \frac{\Phi_2^*}{M} + \frac{L_2}{MR_2}\frac{d\Phi_2^*}{dt}, \quad i_{1q}^* = \frac{L_2 \tau^*}{M\Phi_2^*} \tag{5.36}$$

다음으로 해석했을 경우와 반대의 변환을 실시한다. 즉, d, q축에서 α, β축으로, α, β축에서 3상 고정자 좌표계 a, b, c축으로 변환한다.

$$\begin{bmatrix} i_{1\alpha}^* \\ i_{1\beta}^* \end{bmatrix} = \begin{bmatrix} \cos\varphi & -\sin\varphi \\ \sin\varphi & \cos\varphi \end{bmatrix} \begin{bmatrix} i_{1d}^* \\ i_{1q}^* \end{bmatrix} \tag{5.37}$$

$$\begin{bmatrix} i_{1a}^* \\ i_{1b}^* \\ i_{1c}^* \end{bmatrix} = \sqrt{\frac{2}{3}} \begin{bmatrix} 1 & 0 \\ -\frac{1}{2} & \frac{\sqrt{3}}{2} \\ -\frac{1}{2} & -\frac{\sqrt{3}}{2} \end{bmatrix} \begin{bmatrix} i_{1\alpha}^* \\ i_{1\beta}^* \end{bmatrix} \tag{5.38}$$

식 (5.38)에서 주어지는 전류 지령 i_{1a}^*, i_{1b}^*, i_{1c}^*를 전력 변환기에 입력하고, 유도전동기의 공급 전류가 전류 지령에 일치하도록 피드백 제어를 실시한다.

또한, 식 (5.37)의 변환계수 $\sin\varphi$, $\cos\varphi$를 결정하기 위해서 α, β축 상에 홀 소자를 놓는다. 본래는 2차 자속을 검출해야 하지만, 공극 자속으로 대체한다. 홀 소자의 출력을 $\Phi_{2\alpha}$, $\Phi_{2\beta}$로 하면 식 (5.31)에서 나타내지는 자속은 다음 식과 같이 된다.

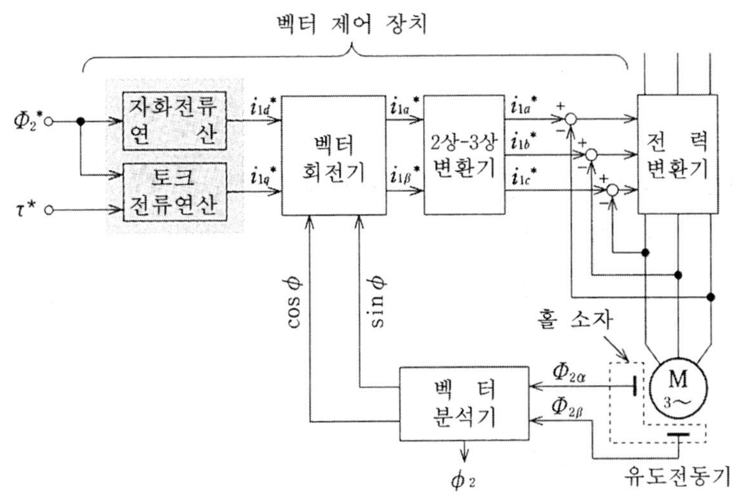

그림 5.15 자계 기준형 벡터 제어 시스템

$$\begin{bmatrix} \Phi_{2\alpha}^* \\ \Phi_{2\beta}^* \end{bmatrix} = \begin{bmatrix} \cos\varphi & -\sin\varphi \\ \sin\varphi & \cos\varphi \end{bmatrix} \begin{bmatrix} \Phi_2 \\ 0 \end{bmatrix} = \begin{bmatrix} \Phi_2\cos\varphi \\ \Phi_2\sin\varphi \end{bmatrix} \tag{5.39}$$

이 관계식을 이용하면 변환계수는 아래 식과 같이 구할 수 있다.

$$\cos\varphi = \frac{\Phi_{2\alpha}}{\Phi_2},\ \sin\varphi = \frac{\Phi_{2\beta}}{\Phi_2},\ \Phi_2 = \sqrt{\Phi_{2\alpha}^2 + \Phi_{2\beta}^2} \tag{5.40}$$

예제 5.5 α, β축 상에서 토크는 어떻게 표현되고 제어계는 어떻게 구성되는지 검토해라.

풀이 식 (5.25)의 제1행, 제3행, 식 (5.26)의 제1행부터 $i_{2\alpha}$를 소거해, $\Psi_{2\alpha}$를 풀면

$$\begin{aligned} \Phi_{2\alpha} &= Mi_\alpha + \frac{L_2}{pM}\{v_{1\alpha} - (R_1 + pL_1)i_{1\alpha}\} \\ &= \frac{L_2}{M}\int (v_{1\alpha} - R_1 i_{1\alpha} - \sigma L_1 \frac{di_{1\alpha}}{dt})dt \end{aligned} \tag{5.41}$$

이와 같이 해 식 (5.25)의 제2행, 제4행, 식 (5.26)의 제2행에서 $i_{2\beta}$를 소거해 $\Phi_{2\beta}$를 풀면

$$\Phi_{2\beta} = \frac{L_2}{M}\int (v_{1\beta} - R_1 i_{1\beta} - \sigma L_1 \frac{di_{1\beta}}{dt})dt \tag{5.42}$$

여기서, $\sigma = 1 - \frac{M^2}{L_1L_2}$: 누설 계수

토크 τ는

$$\tau = M(i_{2\alpha}i_{2\beta} - i_{2\beta}i_{2\alpha}) \tag{5.43}$$

자속 관계의 식 (5.26)을 이용하여 $i_{2\alpha}$, $i_{2\beta}$를 소거하면, 아래 식의 토크를 얻을 수 있다.

$$\tau = \frac{M}{L_2}(\Phi_{2\alpha}i_{1\beta} - \Phi_{2\beta}i_{1\alpha}) \tag{5.44}$$

$\Phi_{2\alpha}$, $\Phi_{2\beta}$를 식 (5.41), (5.42)에서 계산하고 토크 지령으로부터 결정한 $i_{1\alpha}$, $i_{1\beta}$를 주면, 토크는 식 (5.44)로부터 구할 수 있다.

2. 슬립 주파수형 벡터 제어도 그림 5.16은 슬립 주파수형 벡터 제어 시스템의 구성이다. 자속 지령 Φ_2^*, 토크 지령 τ^*를 이용해 식 (5.36)에 의해 자화 전류 지령 i_{1d}^*와 토크 전류 지령 i_{1q}^*를 계산한다. 그 다음에 슬립 주파수 지령치를 다음 식에 의해 계산한다.

$$\omega_s^* = \frac{MR_2}{L_2\Phi_2^*}i_{1q}^* \tag{5.45}$$

i_{1d}^*, i_{1q}^*를 극좌표로 표현하면

$$i_1^* = \sqrt{(i_{1d}^*)^2 + (i_{1q}^*)^2},\ \theta^* = \tan^{-1}\frac{i_{1q}^*}{i_{1d}^*} \tag{5.46}$$

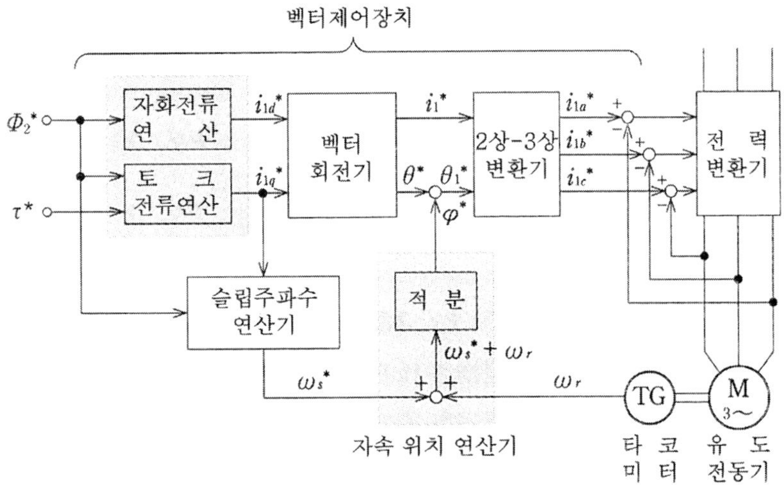

그림 5.16 슬립주파수형 벡터 제어 시스템

d, q축은, α, β축 상을 각주파수 $\omega_1^*(=\omega_r+\omega_s^*)$로 회전한다. d축과 α축이 이루는 각 φ^*는 다음 식과 같이 나타내진다.

$$\varphi^* = \int \omega_1^* dt = \int (\omega_r + \omega_s^*)dt \tag{5.47}$$

따라서 α, β축 상에서는 선류의 크기를 i_1^*, 위상을 $\theta_1^* = \theta^* + \varphi^*$라 하면, 원하는 벡터 제어가 수행된다.

극좌표로 표시된 α, β축 상의 전류를 a, b, c축으로 변환하면, 전력 변환기에 주어야 할 3상 선류 시령 i_{1a}^*, i_{1b}^*, i_{1c}^*가 구해진다.

$$\left.\begin{aligned} i_{1a}^* &= \sqrt{2/3}\, i_1^* \cos\theta_1 \\ i_{1b}^* &= \sqrt{2/3}\, i_1^* \cos(\theta_1 - 2\pi/3) \\ i_{1c}^* &= \sqrt{2/3}\, i_1^* \cos(\theta_1 - 4\pi/3) \end{aligned}\right\} \tag{5.48}$$

그림 5.15, 5.16에서 나타내었듯이 벡터 제어 시스템은 회전 자속 좌표계에서 도출한 필요 조건을 2상 고정자 좌표계를 개입시켜 3상 고정자 좌표계로 변환하여 전류 지령치를 결정하는 것이라고 생각해도 좋다.

5.4 2차 여자 제어

유도전동기의 고정자로부터 회전자에 주입된 전력은 일부는 2차 회로 저항으로 소비되고 나머지는 기계력으로 변환된다. 농형 회전자의 경우, 2차 전력을 제어할 수 없지만, 권선형 회전자에서는 회전자 측에서 2차 전력을 슬립링을 통해 제어할 수 있다.

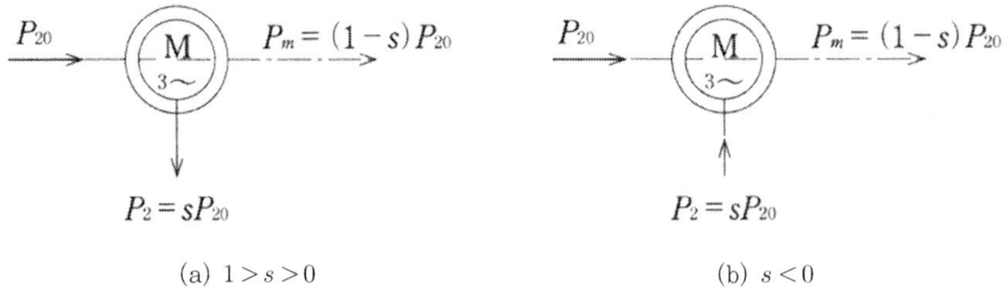

그림 5.17 세르비우스 방식에 있어서의 에너지의 흐름

가장 간단한 방식이 예제 5.3에서 소개한 비례 추이이다. 이것을 조금 더 응용하면, 2차 전력을 전원에 회생하거나 전원으로부터 2차 회로 전력을 주입하는 등의 제어도 할 수 있다. 전자는 세르비우스(Servius) 방식, 후자는 동기 속도를 넘어 운전할 수도 있기 때문에 초동기 세르비우스 방식이라고 부른다.

유도전동기를 전기 에너지와 기계 에너지로 묶는 에너지변환기기로 간주하면, 동기 속도 이하 및 동기 속도 이상일 때의 에너지의 흐름은 그림 5.17과 같이 나타낼 수 있다.

그림 5.17(a)는 동기 속도 이하($1 > s > 0$)의 전동기 운전 모드이며, 세르비우스 방식으로 불린다. 그림 (b)는 동기 속도 이상($s < 0$)의 전동기 운전 모드이며, 동기 속도 이상이 될 수 있다. 초동기 세르비우스 방식으로 불린다.

그림 5.18은 그림 5.17(a), (b)를 구현하기 위한 회로 구성이며, 사이리스터 세르비우스로 불린다. 권선형 유도전동기 M, 2차 전력을 직류에 정류하는 컨버터 CON2, 전류를 평활하게 하는 직류 리액터 L_d, 또한 전원 주파수의 교류로 변환해 전원에 회생하기 위한 컨버터 CON1으로 구성된다. 컨버터 CON2와 CON1는 정류 동작과 인버터 동작을 실시할 수 있는 변환기이다.

CON2가 정류 동작을 하고 있을 때, CON1은 인버터 동작을 하고, 2차 전력은 "전동기의 2차 회로 → 컨버터 CON2 → CON1 → 전원"의 방향이 되어 (a)의 세르비우스 운전이 된다.

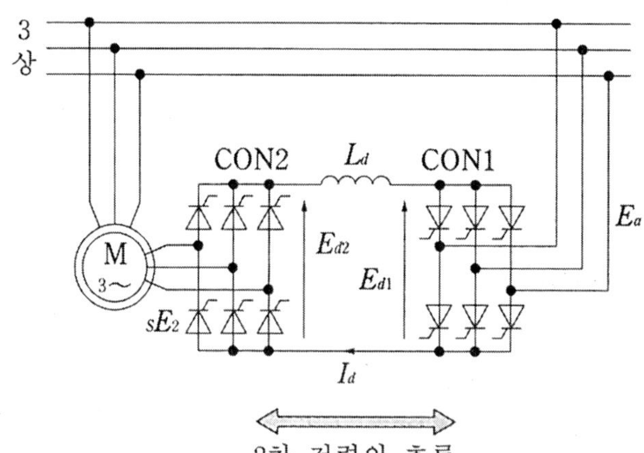

그림 5.18 사이리스터 세르비우스 방식

컨버터 CON2가 정류 동작을 할 때, 3상 브리지 선을 연결하므로 직류 평균 전압은 다음과 같이 된다.

$$E_{d2} = \frac{3\sqrt{2}}{\pi} sE_2 - (e_{r2} + e_{x2}) \tag{5.49}$$

여기서, E_2 : $s=1$ 무부하 때의 2차 선간전압의 실효치, e_{r2}, e_{x2} : 2차 코일의 저항 및 인덕터에 의한 전압강하를 의미한다.

한편, 컨버터 CON1도 3상 브리지 선을 연결하므로, 그 직류 측 단자전압은

$$E_{d1} = \frac{3\sqrt{2}}{\pi} E_a \cos\beta \tag{5.50}$$

여기서, β : 컨버터 CON1의 제어 진행각, E_a : 전원의 선간전압의 실효치를 나타낸다.

일반적으로, 컨버터 CON1과 전원의 단자 사이에는 변압기를 삽입하지만, 변압기의 임피던스 강하는 충분히 작다고 가정하여 무시하고 있다.

$$E_{d2} = E_{d1} + e_{Ld} \tag{5.51}$$

식 (5.49), (5.50), (5.51)로부터,

$$\frac{3\sqrt{2}}{\pi} sE_2 = \frac{3\sqrt{2}}{\pi} E_2 \cos\beta + (e_{r2} + e_{x2} + e_{Ld}) \tag{5.52}$$

e_{x2}는 직류 선류 I_d 및 2차 주파수와 관계가 있지만, 2차 회로의 전압강하를 직류 회로에서의 등가 저항 R_d로 표현할 수 있는 것으로 한다.

$$e_{r2} + e_{x2} + e_{Ld} = R_d I_d \tag{5.53}$$

여기서

$$s = \frac{N_0 - N}{N} \tag{5.54}$$

을 고려하여 식 (5.52)를 풀면 회전속도 N이 구해진다.

$$N = \frac{(3\sqrt{2}/\pi)E_2 - (3\sqrt{2}/\pi)E_a\cos\beta - R_d I_d}{(3\sqrt{2}/\pi)E_2} N_0 \tag{5.55}$$

속도는 컨버터의 직류 전압 E_{d1}에 비례해 바뀌게 되어 컨버터 CON1의 제어 진행각 β를 조절하여 속도 제어를 할 수 있다.

식 (5.55)에 대해 I_d=0으로 두면 무부하 운전 시 회전속도가 구해진다.

또한 CON1이 정류 동작, CON2가 인버터 동작을 하면, 에너지의 흐름은 "전원→CON1→CON2→전동기의 2차 회로"가 된다. 이때 식 (5.55)에서, $\cos\beta < 0$이 되어 그림 5.17(b)의 초동기 세르비우스 운전이 된다.

또, 초동기 세르비우스 방식은 컨버터 CON1, CON2 대신, 사이클로 컨버터도 사용된다.

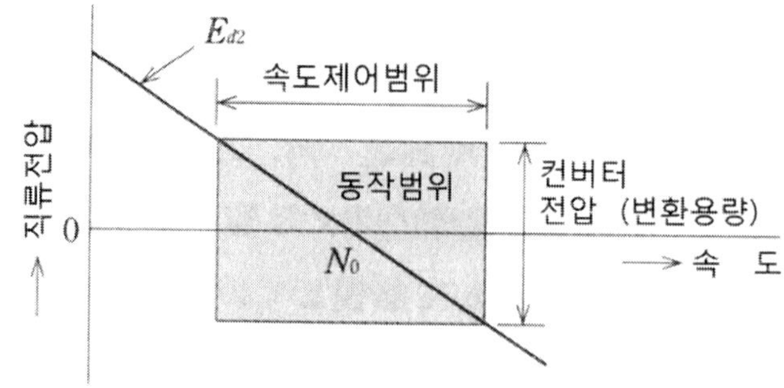

그림 5.19 세르비우스 방식의 속도 제어 범위

그림 5.19는 세르비우스 운전 시의 회전속도와 컨버터 CON2의 직류 전압과의 관계를 나타낸 그림이다. 컨버터의 용량·부호에 의해, 동기 속도의 위, 아래에 걸쳐서 속도 제어가 되는 상태를 알 수 있다.

제6장

직류 및 단상교류의 전력 변환

이 장의 목적

1. 초퍼 회로는 직류에서 직류로 변환하는 변환기이며, 직류변압기로서 사용할 수 있는 것을 학습한다.
2. 순브리지 회로는 회생 제동이 필요할 때 사용한다. 회생을 필요로 하지 않는 용도에서는 혼합 브리지 회로가 사용된다.
3. 직류급전의 전기 철도, 교류급전의 전기 철도에 관계된 기본 회로를 학습한다.
4. 무효 전력 보상의 기본적인 원리를 배운다.

에디슨(T. Edison(1847~1931)) 시대에 교류, 직류 논쟁을 한 것은 잘 알려져 있다. 세월이 흘러 전력전자공학의 시대에 사는 우리의 시점에서 보면, 어느 경우는 직류로서, 다른 경우는 교류로서 전력을 이용할 수 있다. 교류와 직류가 훌륭하게 융합되고 있다고 해도 과언이 아니다.

예를 들어, 직류 회로에서도 변압기 대신에 초퍼가 사용된다. 교류의 기본은 3상교류이지만 단상교류 전원에서 대전력 변환을 하는 전기 철도의 분야에서는 급전선의 전압강하나 고조파 대책을 세우고 있다. 또한, 가전에 적용되는 전력전자 기기도 많다. 직류 및 단상교류의 전력 변환은 특수한 기술 분야이지만 새롭게 장을 마련해 설명하도록 한다.

6.1 직류변압기(초퍼)

초퍼의 어원은 영어의 chop(잘게 자른다)로부터 유래되어 직류 전류를 고빈도로 통전·차단을 실시하는 장치를 말한다. 이 직류 전류를 잘게 자른다는 원리를 기초로 해서 직류 전류를 흘리는 시간과 차단하는 시간의 비를 변화시키면, 부하에 걸리는 전압·전류의 비를 변화시킬 수 있다. 초퍼는 일종의 직류변압기이다.

6.1.1 초퍼의 원리

그림 6.1에 나타내는 회로로 스위치 S를 극히 빠른 반복 속도로 온·오프를 함으로써 부하에 걸리는 전압 혹은 전력의 평균치를 제어할 수 있다.

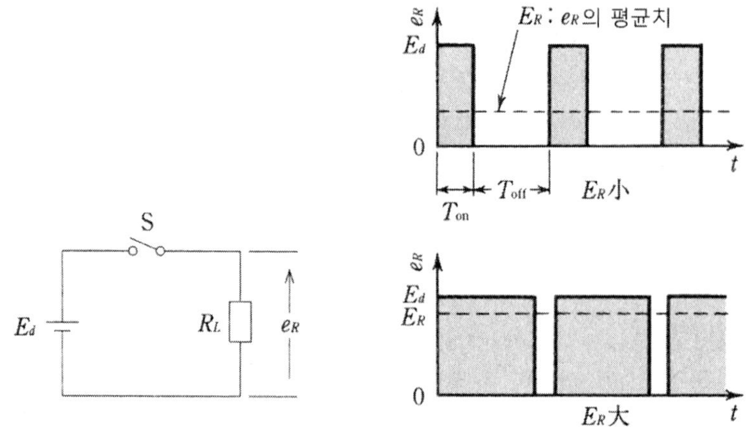

(a) 원리도 (b) 전압제어

그림 6.1 초퍼에 의한 전압 제어의 원리

부하 R_L에 걸리는 전압 e_R은 스위치 S가 닫혀 있는 시간 T_{on}만 전원 전압 E_d가 되고, 스위치가 열려 있는 시간 T_{off}는 전압이 0인 상태가 된다. e_R의 평균치 E_R은 그림 (b)에서 온· 오프의 비율에 의해서 변한다.

$$E_R = \frac{E_d T_{on}}{T_{on} + T_{off}} = \frac{E_d T_{on}}{T} \tag{6.1}$$

여기서, T를 스위칭의 주기로 하는 E_R은 T_{on}/T를 변화시키면 부하에 걸리는 전압을 0으로부터 최대치 E_d까지 연속적으로 바꿀 수 있다. 또한 스위칭 주기 T에 대해 스위치 S가 닫혀 있는 시간의 T_{on}비(T_{on}/T)를 통류율이라고 부른다.

그림 6.1과 같은 회로의 상태에서는 부하가 순저항이기 때문에 부하 전류도 전압 파형과 유사한 펄스상으로 흐른다. 이렇게 단속적으로 흐르는 전류를 평활화하는 경우에는 그림 6.2(a)에 나타내었듯이 리액터 L_s와 프리휠링 다이오드 D_F를 삽입한다. 만약 부하 R_L에 충분한 인덕턴스를 포함한 경우에는 D_F만을 연결하면 된다.

이와 같이 하면, 그림 (b)에 나타내었듯이 부하 전류 i_L은 연속적으로 흐른다. 즉, 그림 (a)의 스위치 S를 t=0의 시각에 투입하면, 부하 전류 i_L은 지수함수적으로 상승한다. 이때, L_s와 R_L에는 그림 (c)와 같은 전압 e_L과 e_R이 더해져 L_s의 자속 레벨은 면적 A_1에 상당하는 분만큼 상승하여 T_{on}기간에 전원으로부터 공급된 에너지의 일부는 리액터 L_s에 저장할 수 있다. 시간 t_1에서 스위치 S가 열리면 L_s에 저장되어 있었던 에너지는 $L_s \rightarrow R_L \rightarrow D_F$의 폐회로로 방출되어 면적 A_2가 A_1에 동일해질 때까지 부하 전류는 계속 흐른다. 시정수(L_s/R)를 스위칭 주기에 비해 충분히 큰 값이 되도록 리액터의 용량을 선택하면, 부하 전류는 연속해 흘러 정상상태에서는 면적 A_1=면적 A_2가 된다. 이와 같이 하여 부하에 흐르는 전류를 평활화할 수 있다.

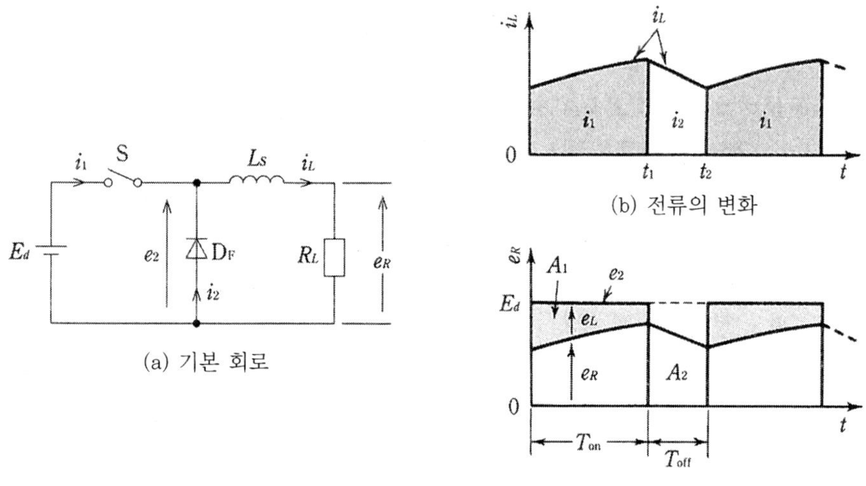

(a) 기본 회로

(b) 전류의 변화

(c) 전압의 변화

그림 6.2 출력 전류의 평활화

초퍼의 입력 대 출력의 관계는 전원 전압을 E_d, 전원 전류를 i_1, 평균치를 I_1, 부하 전압의 평균치를 E_L, 부하 전류의 평균치를 I_L로 하면 다음 식과 같이 된다.

$$\left.\begin{aligned} I_1 &= \frac{I_L T_{on}}{T} \\ E_L &= \frac{E_d T_{on}}{T} \\ E_d I_1 &= E_L I_L \end{aligned}\right\} \qquad (6.2)$$

이 관계식으로부터 초퍼는 강압의 직류변압기로 간주하면 주기 T에 대한 스위치 온의 주기 T_{on}의 비가 코일비에 대응하고 있는 것을 알 수 있다.

그림 6.3은 초퍼에 의한 에너지 회생의 원리이다. 그림에서는 부하의 에너지원으로서 직류전동기의 회생 제동을 예를 들고 있다. 전동기의 역기전력을 E_c로 하면 $E_c \leq E_d$일 때 회생이 가능하고 $E_c > E_d$ 때는 초퍼에 의한 전류 제어를 할 수 없다.

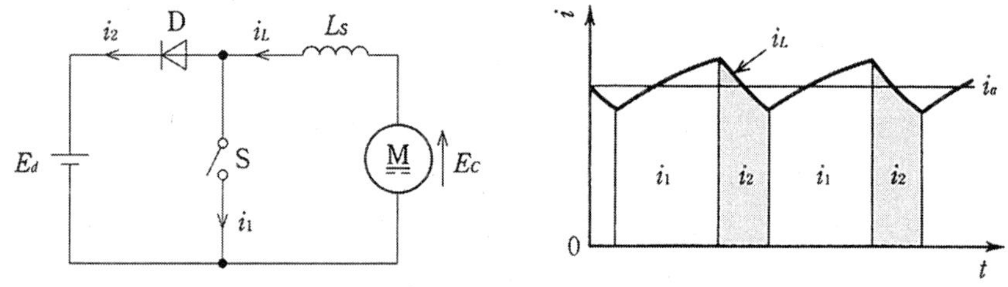

(a) 기본 회로

(b) 전류의 변화

그림 6.3 에너지 회생 원리

그림 (a)의 스위치 S를 닫으면, 역기전력 E_c는 리액터 L_s를 거쳐 스위치 S에 의해서 단락된다. 이 시간동안 단락 전류 i_1은 상승하고 리액터 L_s의 자속 레벨은 상승해 에너지를 축적할 수 있다. 단락 전류가 상한치에 이르렀을 때, 스위치 S를 열면, L_s에 축적된 에너지는 L_s → 다이오드 D → 전원 E_d → 전동기 M → L_s의 폐회로로 방출되어 회생 전류가 흐른다. 에너지를 모두 방출하여 회생 전류가 하한치에 이르렀을 때, 스위치 S를 다시 닫고 같은 동작을 반복한다. 그림 6.2의 전력 공급 모드와 그림 6.3의 전력 회생 모드를 비교하면, 회로 상에서는 초퍼와 프리휠링 다이오드의 위치가 바뀌어 있다. 전자에서는 에너지를 부하에 공급하면서 전원과 부하의 전압 차이에 의해서 L_s에 에너지를 축적하고, 후자에서는 부하의 전압에 의해서 L_s에 에너지를 축적해서 전원으로 회생한다.

$E_c \leq E_d$일 때 낮은 전압의 부하로부터 높은 전압의 전원에 전력이 이동하며 승압의 직류변압기로 볼 수 있다.

6.1.2 초퍼에 의한 전류 제어

앞에서 언급한 바와 같이 초퍼에 의한 직류 전압의 제어는 그림 6.2(a)에 나타낸 회로에서

$$E_R = \frac{T_{on}}{T_{on} + T_{off}} E_d = \frac{T_{on}}{T} E_d$$

의 관계로부터 스위칭 주기 T에 대한 스위치의 온 시간 T_{on}의 비를 바꿈으로써, 부하에 걸리는 전압을 0으로부터 전원 전압까지 연속적으로 제어할 수 있다.

스위칭 주기를 변화시킬 것인가, 스위치의 온 시간을 제어할 것인가는 초퍼의 사용 목적, 회로 구성, 맥류율에 대한 요구 등에 따라서 다르다. (T_{on}/T)의 비를 바꾸는 세 종류의 제어가 있고 각각 다음과 같은 특징이 있다.

(a) T 일정, T_{on} 가변(정주파수·가변 온 시간 제어)… 초퍼의 기본 주파수는 일정하므로 고조파 제거용 필터의 설계가 용이하다.

(b) T 가변, T_{on} 일정(가변 주파수·정온 시간 제어)… 초퍼 회로나 제어 회로가 간단하게 되지만 주기가 변화하므로 출력 전류의 리플을 일정하게 억제하는 것이 어렵다.

(c) T 가변, T_{on} 가변(가변 주파수·가변 온 시간 제어)… 대폭적인 출력 변화가 가능하지만, 주기 변화에 수반하는 결점은 (b)와 같다.

초퍼의 출력전압은 위와 같이 시간 비에 의해서 제어할 수 있지만, 실제 문제로서는 과전류의 방지, 적절한 전류 리플의 유지라고 하는 점에서 전류를 계측하면서 제어하여야 한다. 또, 전동기 제어에 사용하는 경우는 전류에 의해서 토크 제어를 하는 것이 기본이며 회전수는 부하에 따라 결정된다. 이러한 의미에서 초퍼를 전류 제어기로 취급하게 된다.

그림 6.4는 전류의 순시치에 주의한 제어 방식이며 동작 모드와 전류 파형을 나타내고 있다.

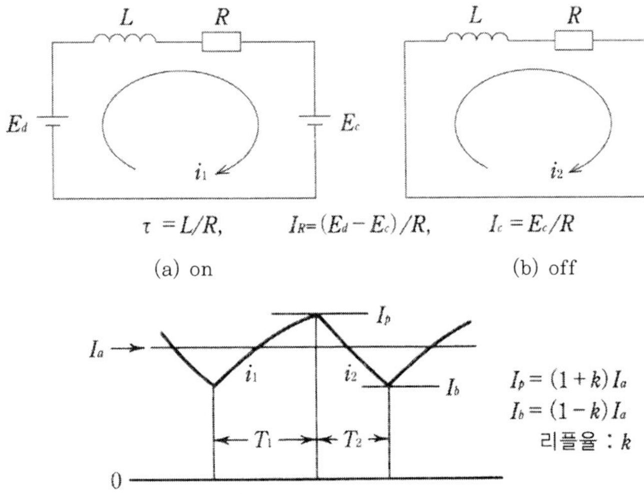

(a) on (b) off

(c) 전류파형

그림 6.4 전류 순간치 제어의 동작 모드와 전류 파형

전류의 상한치 I_p, 하한치 I_b를 미리 정해 두어 그것과 부하 전류를 비교하고, 부하 전류가 I_b에 이르렀을 때에 초퍼를 온 하고, I_p에 이르렀을 때에 초퍼를 오프 한다. 이 제어는 위에서 언급한 (c)에 대응하는 방식이며 전류 리플이 직접 제어되어 맥류율이 일정하게 유지되므로 통류율의 변화에 따라서 초퍼 주파수가 큰 폭으로 변한다.

또한, 회로의 전저항을 R, 전인덕턴스를 L, 부하 전동기의 역기전력을 E_c로 한다. 초퍼가 온일 때의 전류 i_1, 초퍼가 오프일 때의 전류 i_2는 그림 (a)~(c)를 참조하면 다음과 같이 구할 수 있다.

$$i_1 = I_R\left\{1 - \exp\left(-\frac{t}{\tau}\right)\right\} + I_b \exp\left(-\frac{t}{\tau}\right) \tag{6.3}$$

$$i_2 = -I_c\left\{1 - \exp\left(-\frac{t}{\tau}\right)\right\} + I_p \exp\left(-\frac{t}{\tau}\right) \tag{6.4}$$

여기서, $I_R = (E_d - E_c)/R$, $I_c = E_c/R$, $\tau = L/R$

초퍼가 온인 기간을 T_1, 초퍼가 오프인 기간을 T_2로 한다. 식 (6.3)에서 $t = T_1$일 때 $i_1 = I_p$, 식 (6.4)에서 $t = T_2$ 때 $i_2 = I_b$이므로 다음 관계식을 얻을 수 있다.

$$\exp\left(-\frac{T_1 + T_2}{\tau}\right) = \frac{(I_p - I_R)(I_b + I_c)}{(I_b - I_R)(I_p + I_c)} \tag{6.5}$$

식 (6.5)의 우변을 정수 K로 두면, 주파수 f는 다음과 같이 된다.

$$f = \frac{1}{T_1 + T_2} = -\frac{1}{\tau \log K} \tag{6.6}$$

그러나, 식 (6.6)은 성질을 파악하기 어렵기 때문에 식 (6.5)으로부터 근사식을 구한다. 즉,

$\exp(-x) \approx 1-x$로 1차로 근사하면

$$f = \frac{1}{T_1 + T_2} = \frac{1}{\tau(1-K)} \tag{6.7}$$

또, 전류의 리플율을 다음과 같이 정의한다.

$$k = \frac{I_p - I_b}{2I_a} \tag{6.8}$$

I_a는 부하 전류의 평균치이며, $I_a = (I_p + I_b)/2$이다. 여기서, 식 (6.7)에 대하여 $I_R = (E_d - E_c)/R$, $I_c = E_c/R$의 관계를 이용해 I_R를 소거한다.

$$f = \left(-\frac{1}{\tau}\right)\frac{\{I_c + (1-k)I_a - (E_d/R)\}\{I_c + (1+k)I_a\}}{2kI_a(E_d/R)} \tag{6.9}$$

식 (6.9)를 I_c의 함수로 간주하면, 그림 6.5에 나타나듯이

$$I_c = \frac{E_d}{2R} - I_a \tag{6.10}$$

에서 초퍼 주파수는 최대가 된다.

$$f_{\max} = \frac{1}{\tau}\frac{\{(E_R/R) + 2kI_a\}^2}{8kI_a(E_d/R)} \tag{6.11}$$

그림 6.5 및 식 (6.10), 식 (6.11)의 특성을 조사해보자.

식 (6.10)에 대해 $I_aR \approx 0$라고 하면, $E_c = E_d/2$가 된다. 이것은 통류율이 거의 50%일 때 초퍼 주파수가 최대가 되는 것을 의미하고 있다. $I_c = E_c/R$이므로 I_c가 작은 영역은 역기전력 E_c가 작고, 전원 전압과의 차이가 클 때이다. 이때는 전류 i_1이 급격하게 증가하며, i_2의 하강이 완만하게 된다. 결과적으로 주파수가 작아진다.

반대로 I_c가 큰 영역은 역기전력 E_c가 크고 전원 전압과의 차이가 작을 때이다. 이때는 전류 i_1이 완만하게 증가하고 i_2는 급격히 하강된다. 결과적으로 주파수가 작아진다.

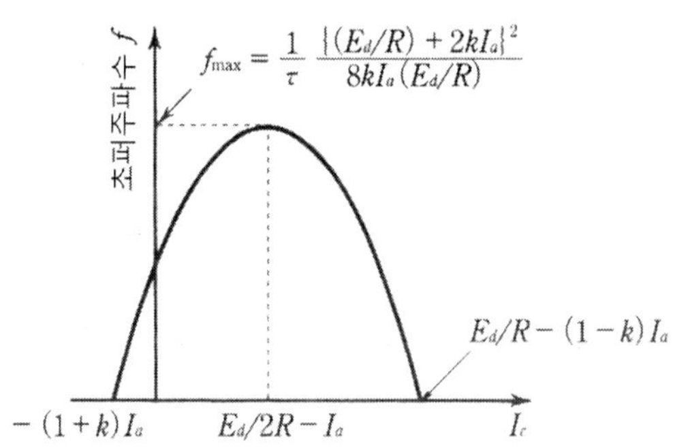

그림 6.5 초퍼 주파수의 변화

초퍼 제어 시스템에 있어서는 직류 리액터를 작게 해서 초퍼 주파수를 높게 하는 편이 좋다. 그러나 스위칭 손실이 당연히 증가하게 된다. 식 (6.11)은 초퍼 주파수가 회로의 시정수와 리플 k가 주어짐에 따라서 결정될 수 있는 것을 나타내고 있다.

또, 반대로 초퍼 주파수와 전류 리플이 주어졌을 때, 회로에 요구되는 직류 리액턴스 L_s를 계산하기 위해서도 사용된다.

예제 6.1 전력 회생 가능한 전동기 구동 초퍼 회로를 구성해보자.

풀이 그림 6.2 및 6.3의 스위치 S에 대신하는 소자로서 트랜지스터, GTO 등을 사용한다. 반도체소자의 선정은 전압정격, 전류정격, 스위칭 주파수 등을 고려한다. 예를 들면 그림 6.6 등은 전력회생이 가능하다.

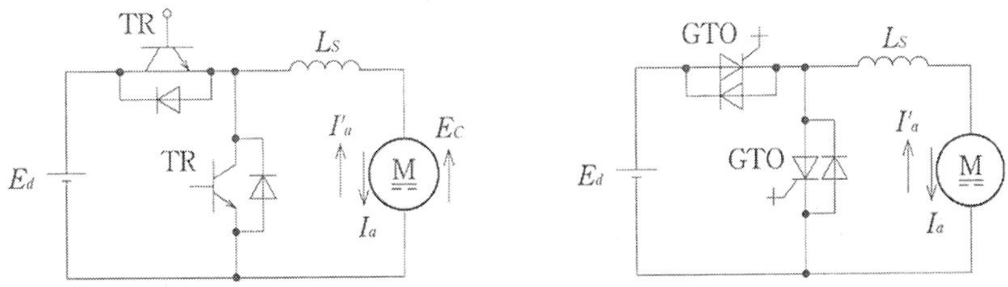

(a) 트랜지스터의 경우 (b) GTO의 경우

그림 6.6 전력 회생 가능한 초퍼 회로

6.2 초퍼 제어 전기차

초퍼의 원리는 6.1절에서 직류변압기로써 서술했다. 여기에서는 전기차의 제어로 한정하고 설명을 더한다.

초퍼 제어로 전기차의 주전동기(직권전동기 또는 복권전동기)의 속도를 제어하는 방식을 분류하면, 초퍼에 의해서 전기자전류를 제어하는 방식과 초퍼에 의해서 계자전류를 제어하는 방식이 기본이다. 기존의 저항제어에 의한 주전동기 제어의 결점을 들면, 다음과 같은 점이 있다.

① 저항의 손실에 수반하는 제어 효율의 저하 및 저항에 의한 발열이 일어난다.

② 노치의 단수가 적으면 견인력의 급변으로 승차감이 나쁘다. 노치의 단수를 많이 하면 복잡하게 된다.

저항제어를 직류변압기인 초퍼 제어로 바꾸면 위와 같은 결점은 훌륭하게 해결된다.

그림 6.7은 직류직권전동기를 사용한 역행제어†의 대표적인 회로이다. 회로도를 간단하게

† 역행(力行)이란, 철도에 대해 전동기나 기관차의 동력을 차바퀴에게 전달하여 가속 또는 균형 속도를 유지하는 것을 의미하고, 관련 용어로서 제동, 타행이 있다. 철도 분야에서 사용되는 특수한 용어이다.

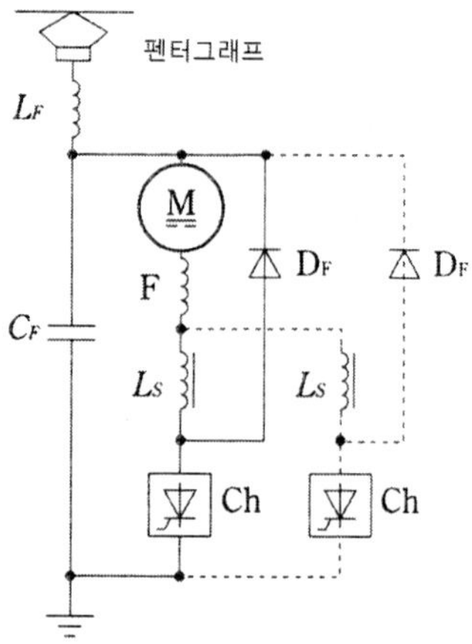

그림 6.7 초퍼제어 전기차의 구동

하기 위해서 전류(轉流)회로를 따라 설명하는 것으로 하고, 여기에서는 자기소호소자가 사용되고 있다고 하여 논의한다.

이 회로는 초퍼 Ch를 오프로 했을 때 프리휠링 다이오드 D_F에 부하 전류를 바이패스 시키고, 전동기 M의 전기자코일, 계자 F, 평활 리액터 L_s 등에 축적된 에너지에 의해서 이상 전압을 발생하지 않게 하고 있다.

평활 리액터는 전기자전류의 맥동을 저감해 정류를 좋게 하기 때문에 사용하지만, 전기자코일의 인덕턴스가 클 때는 생략하기도 한다. 또, 필요에 따라서 파선으로 나타내 보인 것처럼, 완전히 같은 초퍼를 여러 개 병렬로 사용하기도 한다. 또한, 저항제어 때는 직권계자 코일을 전기자와 직렬로 접속하고 있었지만, 초퍼 제어 때는 여러 가지 변형 회로가 가능하고 직권계자가 반드시 필요하지는 않다.

그림 6.8은 회생 제동의 설명도로 원리적으로는 그림 6.3과 동일하다. 그림에서 초퍼 Ch가 온이 되면, 발전기의 전류는 실선으로 나타낸 리액터 L_s를 통해 흘러 전류 파형도에서 A → B와 같이 증가하고 있다. 다음으로, 초퍼 Ch를 오프로 하면 리액터의 작용에 의해 파선으로 나타내

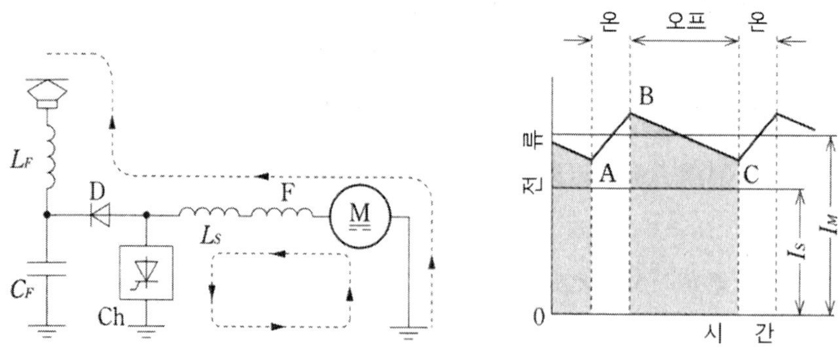

그림 6.8 회생 브레이크의 원리도

보이는 전류가 다이오드 D를 거쳐 전차 선로에 흘러 전류는 B → C로 감쇠한다. 이 온· 오프 동작의 반복에 의해서 발전기 전류의 평균치는 일정으로 유지되어 전차 선로에는 전류 파형도에서 색칠된 부분이 회생된다. 또한, 속도가 저하 함에 따라서 유도 전압도 내려가므로 초퍼의 온 시간이 길어지고, 회생되는 전류의 평균치 I_s도 감소한다.

초퍼 제어의 특징을 정리하면, 다음과 같다.

① 무손실로 전압을 제어할 수 있다. 주 저항기에 의한 손실이 없기 때문에 전력 요금이 절약되고, 변전소 용량의 저감이 가능하다. 또한, 주 저항기의 손실이라고 하는 발열원이 없기 때문에, 지하철에서 터널 내의 온도 상승을 억제할 수 있다.

② 직류직권전동기로 회생 브레이크가 가능하다. 초퍼 제어는 응답이 빠르기 때문에 직류직권전동기를 사용해 회생 브레이크를 안정되게 실시할 수 있다.

③ 연속 제어를 할 수 있다. 노치에 의한 전기자전류가 급변하지 않고, 연속적으로 전압을 제어할 수 있으므로, 점착 특성 및 재점착 특성이 뛰어나다.

④ 점검이 자유롭다. 무접점화 되므로 주회로의 소모 부품이 줄어 든다. 다만, 역전기, PB (역행/브레이크) 전환기는 무접점화할 수 없다.

그림 6.9는 일반적인 전류(轉流)턴오프형 사이리스터를 이용한 초퍼 회로이다. 최근에 자기보호소자의 대형화가 진행되어 전류(轉流)턴오프형 사이리스터를 이용하는 초퍼는 얼마되지 않는다. 사이리스터 초퍼는 전류(轉流) 보조 회로가 필요하게 되어 복잡하게는 되지만, 전력전자공학의 기본인 회로 현상을 올바르게 이해하기 위한 좋은 예제이다.

주사이리스터 T_1를 점호하면 온, 보조 사이리스터 T_2를 점호하면 오프 상태가 되어, 온 시간 T_{on}, 오프 시간 T_{off}를 자유롭게 가감할 수 있다. 시동 시에는 T_2를 점호하여 콘덴서 C_0를 충전한 후, T_1을 점호해야 한다. (b)를 이용해 회로 동작을 설명한다.

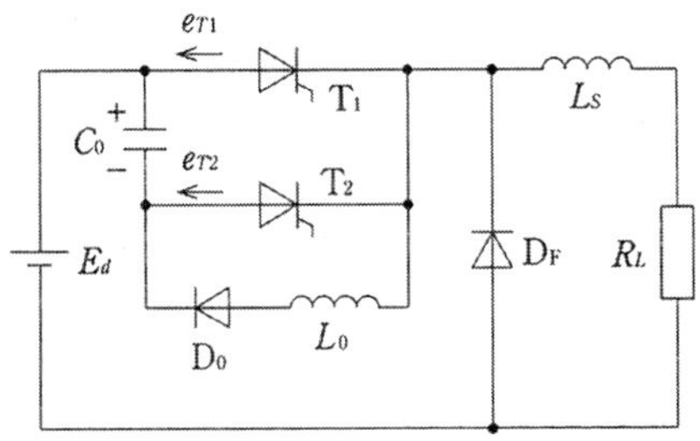

(a) 회로구성

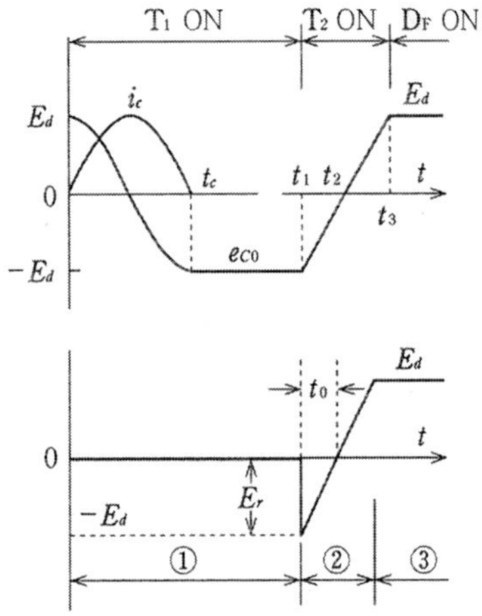

(b) 전압전류파형

그림 6.9 사이리스터 초퍼 회로의 예

T_2를 점호하면 $E_d \to C_0 \to T_2 \to L_s \to R_L \to E_d$의 경로로 전류가 흘러 전류 콘덴서 C_0는 전원 전압 E_d까지 충전된다. C_0의 충전 전압 $E_{c0} = E_d$가 되면, T_2의 전류는 유지 전류 이하가 되어 자연스럽게 오프가 된다.

모드 ① T_1의 점호 : T_1이 온이 되면, 부하 전류는 T_1, L_s를 흐르며 전원으로 공급된다. 한편, C_0의 전하는 C_0, L_0의 회로로 자유진동에 의해서 방전을 시작한다. 이때의 진동전류 i_c, C_0의 전압 e_{c0}는

$$i_c = E_d \sqrt{\frac{C_0}{L_0}} \sin \frac{1}{\sqrt{L_0 C_0}} t \tag{6.12}$$

$$e_{c0} = E_d \cos \frac{1}{\sqrt{L_0 C_0}} t \tag{6.13}$$

이고, i_c는 다이오드 D_0 때문에 음이 되지 않기 때문에, 반주기 ($t_c = \pi \sqrt{L_0 C_0}$) 후에 진동은 정지하여 $e_{c0} = -E_d$로 유지된다.

모드 ② T_2의 점호 : T_1은 e_{c0}에 의해서 역바이어스 되는 순간에 오프된다. 동시에, i_L은 $C_0 - T_2$를 통하여 공급되어 C_0를 다시 정방향으로 충전한다. e_{c0}가 E_d에서 0이 될 때까지의 시간 t_0가 사이리스터 T_1의 역바이어스 시간이다. t_0사이 부하 전류를 일정으로 하면 e_{c0}와 t_0는 다음 식으로 주어진다.

$$e_{c0} = -E_r + \frac{1}{C_0} I_L (t - t_1) \tag{6.14}$$

$$t_0 = t_2 - t_1 = \frac{E_r C_0}{I_L} \tag{6.15}$$

모드 ③ D_F 도통 : $e_{c0} = E_d$가 되면 D_F가 도통하여 L_s의 자기 에너지는 부하 R_L로 소비되어 부하 전류는 감소한다. T_2는 유지 전류 이하가 되어 턴오프 한다.

6.3 단상교류의 전력변환과 전기차의 구동

예제 6.2 전력 계통에서는 3상 교류가 일반적이고, 단상교류는 전기 철도를 제외하면 대전력용으로는 사용되지 않는 이유를 생각해 보시오.

풀이 그림 6.10(a), (b)와 같이 $E_m \sin\theta$로 표현되는 단상교류와 $E_m \sin\theta$를 상전압으로 하는 3상 교류가 있고, 모두 저항 R 부하에 전력을 공급할 때를 계산해 보자.

단상교류의 경우 : $P_1 = ei = \left(\frac{E_m^2}{R}\right) \frac{1 - \cos 2\theta}{2}$

3상교류의 경우 : $P_3 = e_a i_a + e_b i_b + e_c i_c = 3\left(\frac{E_m^2}{R}\right)$

위 식의 관계를 그려 보면 그림 (c)와 같이 된다. 단상교류의 경우, 평균 전력은 E_m^2/R으로 전원 주파수의 2배로 변동하는 전력이다. 3상교류의 경우, 평균 전력은 $3\left(E_m^2/R\right)$으로 시간적으로 변동하지 않는 전력이다. 이러한 이유로부터 대전력의 송배전에는 3상이 사용된다.

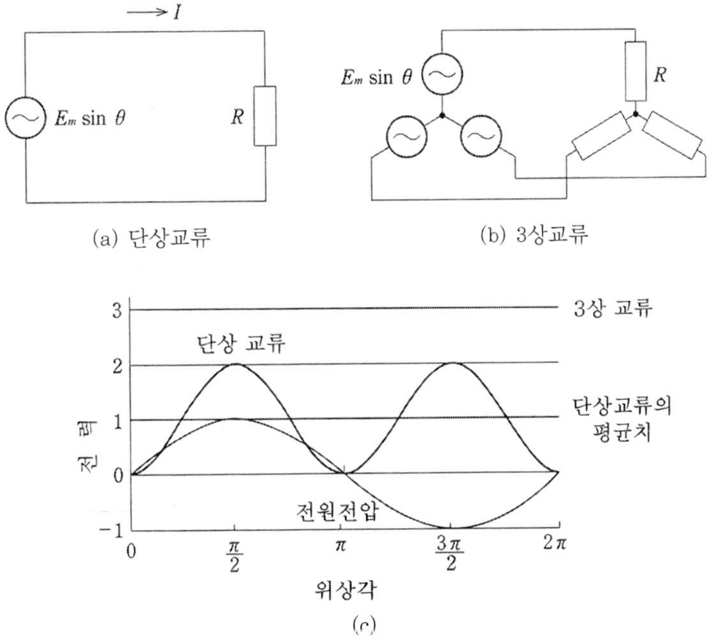

그림 6.10 단상·3상의 전력 관계

전기 철도의 분야에서 사용하는 경우도 전력 변동의 문제는 피할 수 없지만, 실제 손실이 일어나지 않도록 여러 가지 방안이 이루어지고 있다.

전선이 단상교류의 경우, 전압 제어에는 단상 정류회로가 사용된다. 일반적으로 회생을 필요로 하는 경우는 단상 브리지 회로를, 회생을 필요로 하지 않는 경우는 단상 혼합 브리지 회로를 여러 개 직렬로 접속해서 각 유닛을 순서대로 위상제어하는 방식이 이용된다. 직렬수가 많을수록 고조파 특성, 역률 특성은 개선되지만 제어는 복잡해진다.

기본이 되는 단상 브리지 회로의 위상제어법에는 대칭 제어와 비대칭 제어가 있다. 대칭 제어는 브리지 대각상의 사이리스터를 동시에 점호하는 방식으로 중복 기간을 무시한 동작 파형을 그림 6.11에 나타내고 있다. 사이리스터 T_1, T_4는 동시에 흐르게 해 $i_{r1}=i_{r4}$, 사이리스터 T_2, T_3는 동시에 도통되어 $i_{r2}=i_{r3}$, 통전 폭은 항상 180°이다.

교류 전압의 최대치를 V_p, 직류 전압 평균치를 V_d로 하면

$$V_d = \frac{2}{\pi} V_p \cos\alpha \tag{6.16}$$

회생 제동 시 전동기를 타려발전기로 하여 전압극성을 반전시켜서 정류회로는 $\alpha > 90°$로 인버터 동작을 실시하게 되지만, 급전선의 전압 파형이 나쁘면 안정된 회생 제동을 기대할 수 없다.

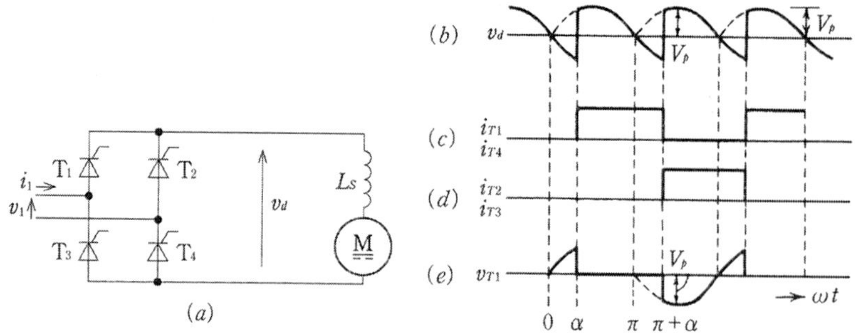

그림 6.11 단상 브리지 회로

비대칭 제어는 대각상에 있는 사이리스터의 점호위상을 바꾸는 것으로 직류 회로가 사이리스터로 단락되는 모드를 만드는 방식이다. 사이리스터 T_1, T_2를 제어각 α_1에 점호하고 T_3, T_4를 제어각 α_2에 점호하면 직류 평균 전압은 아래식과 같이 된다.

$$V_d = \frac{2}{\pi} V_p \frac{\cos\alpha_1 + \cos\alpha_2}{2} \tag{6.17}$$

그림 6.12의 혼합 브리지 회로 (1)은 $\alpha_2 = 0°$으로 고정하고, α_1에 의해서 제어하는 비대칭 제어의 일종이라고 볼 수 있다. 이 혼합 브리지 회로는 그림 6.13과 같이 같은 교류 입력 전압도 두 개의 반파 정류회로를 직렬로 연결한 것과 같다.

이것을 다시 설명하면, 사이리스터 T_1, T_2는 α_1에 의해서 위상 지연각이 제어되고 다이오드 D_1, D_2가 $\alpha_2 = 0°$에 고정되어 직류 전압이 식 (6.17)에 의해서 기술되는 것을 확인할 수 있다. 혼합 브리지 회로에서는 그림 6.12의 전류파형으로부터 알 수 있듯이 동일 암(arm)의 사이리스터 T_1과 다이오드 D_1, 사이리스터 T_2와 다이오드 D_2가 동시에 흐르게 하는 모드가 발생해, 그때 직류 회로는 단락된다. 합성된 교류 전류 i_1은 180°보다 좁아져 전류가 진행될 방향으로

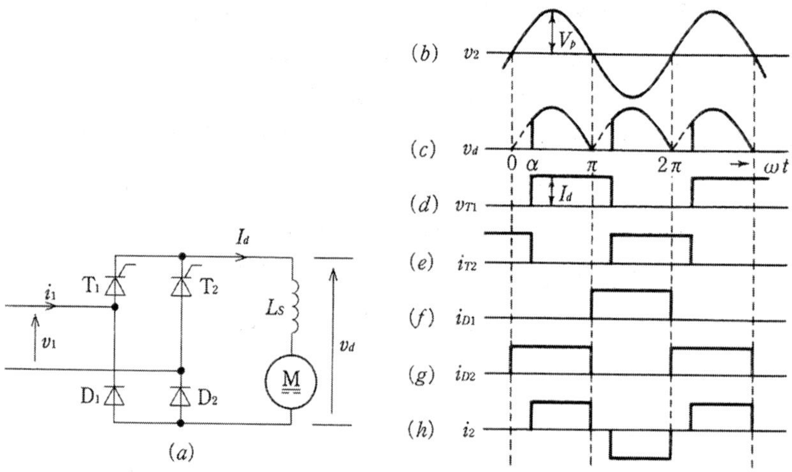

그림 6.12 혼합 브리지 회로 (1)

약간 이동하고 있다는 것을 알 수 있다. 대칭 제어에 비해 역률이 개선되어 고조파 성분도 작아지는 효과가 있다.

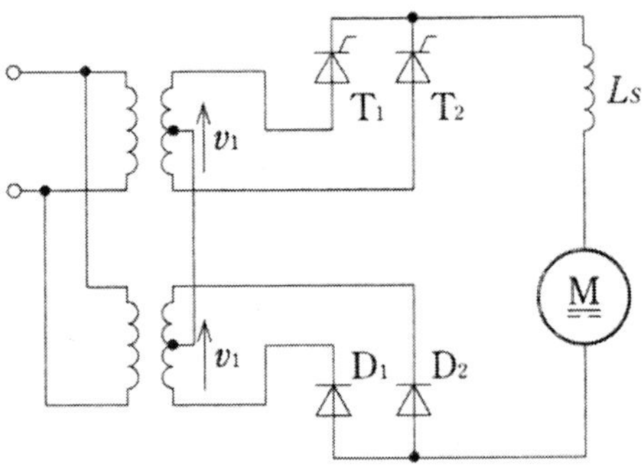

그림 6.13 혼합 브리지 회로 (1)과 등가인 회로

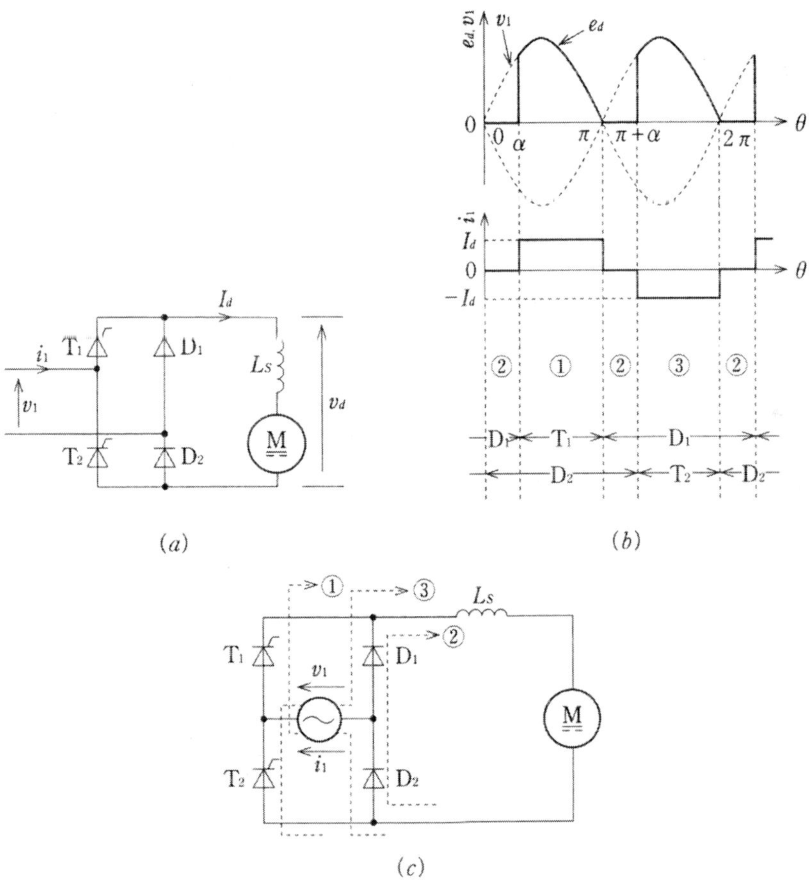

그림 6.14 혼합 브리지 회로 (2)

사이리스터 T_2와 다이오드 D_1를 바꿔 넣으면, 또 하나의 혼합 브리지 회로가 만들어진다. 그림 6.14가 그것이며, 혼합 브리지 회로(2)라고 부르고 있다.

역률 개선이나 고조파 저감의 특성은 혼합 브리지 회로 (1)과 거의 동일하다고 봐도 좋다. 혼합 브리지 회로(2)는 그림 (c)과 같이 교류 전원을 브리지 가운데에 넣는 편이 이해하기 쉽다.

(A) 전원 전압이 $v_1 > 0$일 때, 전류 i_1은 ①과 같이 흘러 T_1이 제어된다.

(B) 전원 전압이 $v_1 < 0$일 때, 전류 i_1은 ③과 같이 흘러 T_2가 제어된다.

전원 전압이 반전할 때 마다 (A), (B)의 두 개의 모드를 반복하지만, (A)로부터 (B), 혹은 (B)로부터 (A)로 옮길 때, 반드시 환류 모드를 끼워서 변환된다. 즉, ①→②→③→②→①→②→③과 같이 된다.

다른 관점에서 보면 전파 정류 파형을 직류 전원으로 해서 전원 주파수의 2배의 주파수로 동작하는 초퍼 회로에 가깝다. 통상의 초퍼 회로에서는 통류율로 출력전압이 정해지지만, 혼합 브리지 회로(2)에서는 $\cos\alpha$로 결정된다고 생각하면 된다.

6.4 무효 전력 · 고조파를 보상하는 자려식 전력변환

그림 6.15는 단상 전파 정류회로와 입력 전압 v, 입력 전류 i의 파형이며, 제어각 α는 30°, 그리고 중복각을 무시하고 있다.

전류 i를 푸리에 급수로 나타내면

$$\begin{aligned} i &= \frac{4}{\pi}I_d\left\{\sin(\omega t-\alpha)+\frac{1}{3}\sin3(\omega t-\alpha)+\frac{1}{5}\sin5(\omega t-\alpha)+\cdots\right\} \\ &= I_1\sin(\omega t-\alpha_1)+I_3\sin(3\omega t-\alpha_3)+I_5\sin(5\omega t-\alpha_5)+\cdots \end{aligned} \tag{6.18}$$

여기서, $I_n=\left(\frac{4}{n\pi}\right)I_d$, $\alpha_1=\alpha$, $\alpha_3=3\alpha$, $\alpha_5=5\alpha\cdots$

전압 v는 고조파를 포함하지 않기 때문에

$$v = V_m\sin\omega t \tag{6.19}$$

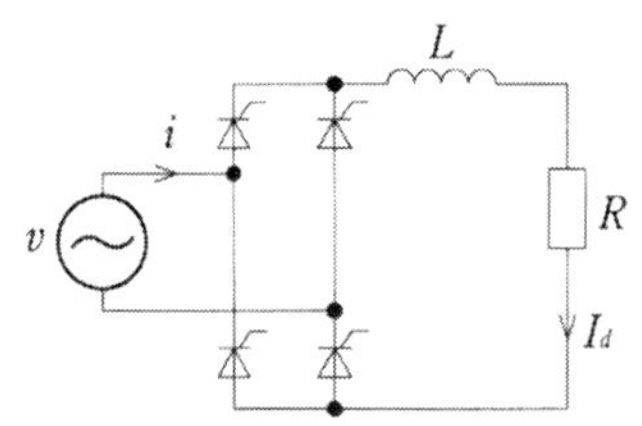

(a) 단상 전파 정류회로

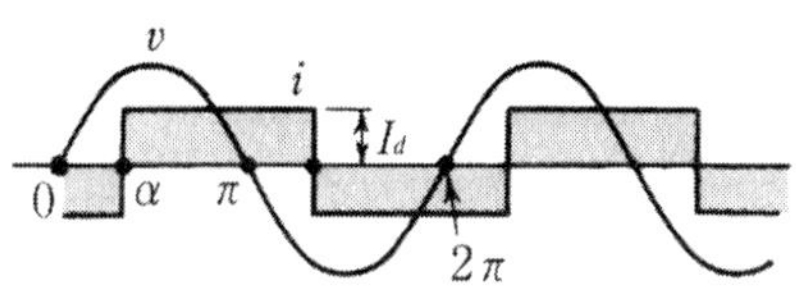

(b) 입력 전류 파형

그림 6.15 단상 전파 정류회로의 입력 측 전압 전류 파형

전류 i에는 다음의 관계가 있다.

$$I=\sqrt{I_1^2+I_3^2+I_5^2+\cdots}=I\sqrt{(I_1/I)^2+\mu^2} \tag{6.20}$$

여기서 μ는 왜형률을 의미한다.

또, 전원으로부터 주입되는 유효전력 P_e와 피상전력 P_a, 전원 역률 PF는 다음과 같이 정의된다.

$$\left.\begin{aligned} P_e &= \frac{V_m I_1}{2}\cos\alpha_1,\ P_a=\frac{V_m I}{2} \\ \mathrm{PF} &= \frac{P_e}{P_a}=\frac{I_1}{I}\cos\alpha_1=\sqrt{1-\mu^2}\cos\alpha_1 \end{aligned}\right\} \tag{6.21}$$

정류회로로 위상제어를 실시하면, 역률 $\cos\alpha_1$에 비례하여 저하되어 전류에는 항상 고조파가 포함된다. $\cos\alpha_1$을 특히 기본파 역률이라고 부른다.

정류회로가 3상인 경우에도 같이 정의할 수 있다.

그림 6.16의 급전선의 모델을 생각한다. 송전단의 전압을 V_s, 수전단의 전압을 V_r로 하여, $r+\mathrm{j}x$의 임피던스가 연결되어 있다고 한다. 전류를 $I_P-\mathrm{j}I_Q$라고 하면 전압강하 ΔV는 다음과 같이 계산된다.

$$\left.\begin{aligned} V_s &= V_r+\Delta V \\ \Delta V &= (r+\mathrm{j}x)(I_P-\mathrm{j}I_Q)=(rI_P+xI_Q)+\mathrm{j}(xI_P-rI_Q) \end{aligned}\right\} \tag{6.22}$$

일반 급전선에서는 저항 성분은 거의 없고 리액턴스 성분이 대부분이므로, 무효 전류에 의한 전압강하 xI_Q가 현저하게 영향을 준다. 허수 항 xI_P는 수전단 전압의 위상을 바꾼다. 전력전자에 의한 무효전력 보상은 무효전류의 크기를 작게 하거나, 가능한 0으로 하여 계통에 영향을 최소로 하는 것을 목적으로 하고 있다. 이것은 3상 계통, 단상 계통에 대한 공동과제이다.

그림 6.17은 교류 전철 구동용 PWM 컨버터의 구성과 원리이며, 무효전력을 0으로 하여 고조파 성분을 극히 작게 하고 있다. 앞서 말한 단상 브리지 정류회로를 대신에 교류 전철의 구동장치로 이용되고 있다.

그림 (a)에 구성을, 그림 (b)에 제어 원리를 나타내었다. 컨버터는 일반의 정류회로는 아니고 자기소호소자 GTO를 이용한 PWM 컨버터이다. PWM 컨버터는 출력 커패시터 C_d의 직류 전압 V_d가 일정치가 되도록 제어된다. 부하에 대해서는 직류 전력이 공급되므로 직류 전압 V_d에 보급되는 전류는 교류 전류의 유효전류 성분이다.

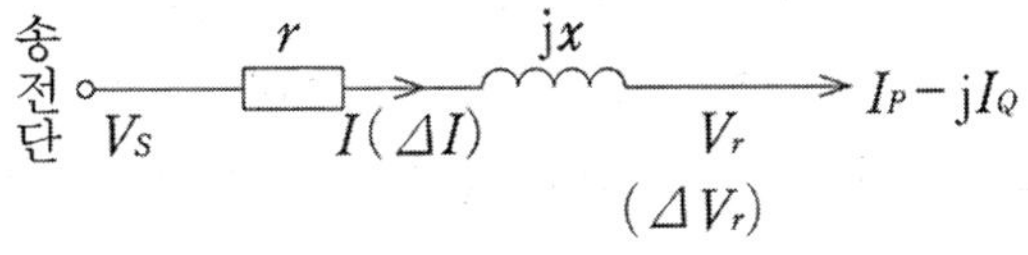

그림 6.16 급전선 모델

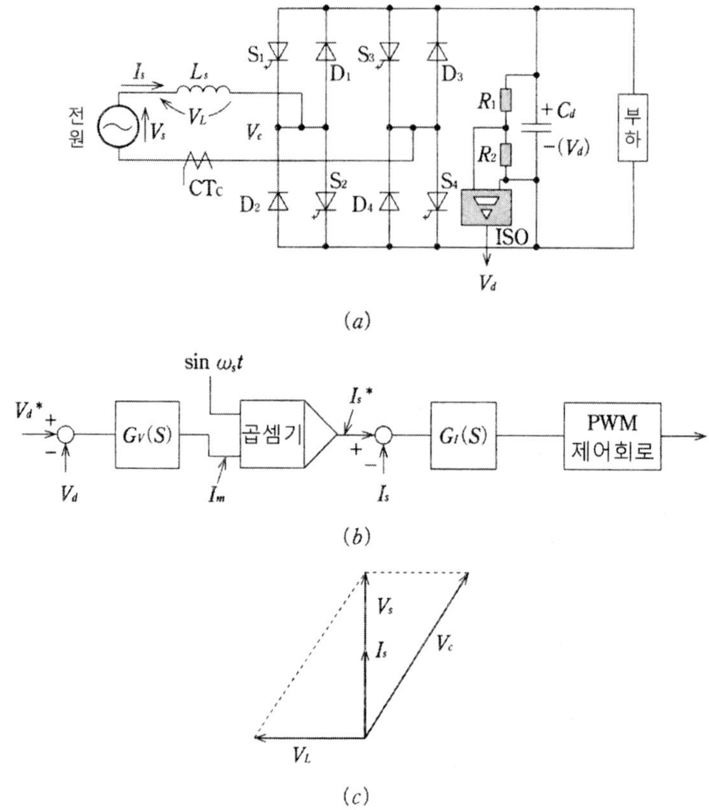

그림 6.17 PWM 컨버터의 구성과 원리

교류 측에서 보면, 단상교류 전압과 동상성분의 전류(유효 전류)로 직류 전압 V_d를 충전한다. 동시에 무효 전력 성분(전압과 90°의 위상각도 성분)을 0으로 제어한다.

구체적인 제어법은 그림 (b)에 나타내었다. 커패시터 전압의 지령치 V_d^*와 실제의 전압 V_d를 비교하여 그 차이로부터 수정해야 할 전류 지령치 I_m을 결정한다. I_m은 전압의 위상 $\sin\omega_s t$와 곱해져서 전류 지령치 $I_s^* = I_m \sin\omega_s t$를 결정할 수 있다. 그 다음에, 전류 지령치 I_s^*는 실제의 전류 I_s하고 비교되어 PWM 제어 회로에 보내져 변조된다.

이 제어를 실현하는 필수 요소는 리액터 L_s이다. 교류 회로에서는 앞선 위상의 전압으로부터 지연 위상의 전압으로 전력이 흐른다. 이 회로에서는 앞선 전원 전압 V_s로부터 뒤진 컨버터 전압으로 흐르지만, 차이 전압 $V_s - V_c = V_L$을 리액터 L_s가 받는다. 이 관계를 그림 (c)에 나타내었다. 결과적으로 교류 측에서는 전류는 전압과 동상이 되어, 그 전류는 정현파로 제어된다. 단상 브리지 회로의 특성과 비교하면, 무효 전류 성분과 고조파 전류가 큰 폭으로 개선된다.

예제 6.3 그림 6.18에서, 전압 v는 $v=\sqrt{2}V\sin\omega t$이며, 부하 전류 i는 최대치가 I로 파형은 그림 (b)와 같이 $120°$형태의 구형파이다.

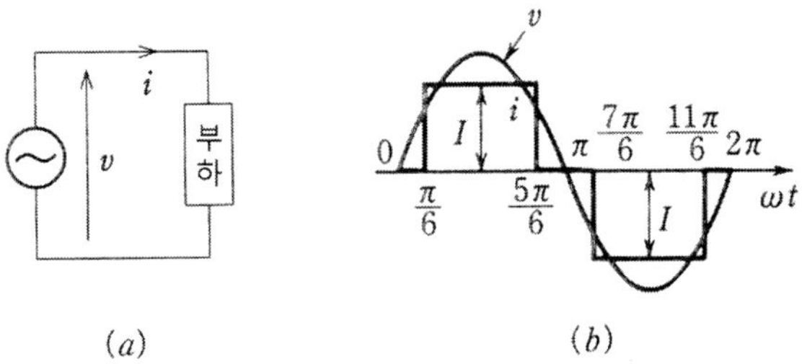

그림 6.18

다음에 대해서 답하시오.

(1) 전류 i를 푸리에 급수로 전개하라.

(2) 전류 i의 실효값을 구하라.

(3) 부하의 역률을 구하라.

풀이 (1) 푸리에 급수 전개 : i는 홀수함수이므로

$$a_n=0$$

$$b_n=\frac{2}{\pi}\int_0^{\pi} i\sin(n\omega t)d(\omega t)=\frac{2}{\pi}\int_{\pi/6}^{5\pi/6} I\sin(n\omega t)d(\omega t)=\frac{4I}{n\pi}\sin\frac{n\pi}{2}\sin\frac{n\pi}{3}$$

된다. 따라서 n-1, 2, 3을 차례차례 대입하여

$$i=\frac{2\sqrt{3}I}{\pi}\left(\sin\omega t-\frac{1}{5}\sin 5\omega t-\frac{1}{7}\sin 7\omega t+\frac{1}{11}\sin 11\omega t+\cdots\right)$$

된다.

(2) 실효값 :

$$\sqrt{\frac{1}{2\pi}\int_0^{2\pi} i^2 d(\omega t)}=\sqrt{\frac{2}{\pi}\int_0^{\pi/2} i^2 d(\omega t)}=\sqrt{\frac{2}{\pi}\int_{\pi/6}^{\pi/2} I^2 d(\omega t)}=\sqrt{\frac{2}{3}}I$$

(3) 역률 : $\dfrac{\text{유효전력}}{\text{피상전력}}$

$$=\frac{\dfrac{1}{2\pi}\displaystyle\int_0^{2\pi} vi\,d(\omega t)}{V\sqrt{\dfrac{2}{3}}I}=\frac{\dfrac{2\sqrt{2}VI}{\pi}\displaystyle\int_{\pi/6}^{\pi/2}\sin\omega t\,d(\omega t)}{\sqrt{\dfrac{2}{3}}VI}=\frac{3}{\pi}=0.955$$

또한 전류의 기본파 성분은 $i=(2\sqrt{3}I/\pi)\sin\omega t$이며, v와 동상이므로 기본파 역률은 1.0이다.

발전·송전 분야의 전력전자공학

이 장의 목적

1. 전력계통은 분포 정수를 가지는 거대한 전기 회로이다. 전력계통에 대해서 유효전력과 무효전력이 미치는 영향을 이해한다.
2. 송전선 및 배전선을 통해 불특정의 부하에 전력이 공급되고 있다. 수전 측의 무효전력이나 고조파가 계통에 미치는 영향을 이해한다.
3. 액티브 필터의 원리를 이해하여 그 기반기술이 전동기 구동을 위한 전력용 전자공학과 공통되는 것을 이해한다.
4. 직류 송전의 원리를 이해하고, 장거리 송전에서 교류 송전보다 유리하게 되는 것을 이해한다. 그 방법은 계통연계에도 응용되고 있다.

7.1 전력 계통에 있어서의 유효전력과 무효전력의 영향

예제 7.1 송전선을 집중 정수로 나타내면 저항 R 외에 인덕턴스 L, 내지 정전용량 C가 있다. 단상 교류 전원에서 저항 R, 인덕턴스 L, 정전용량 C가 각각 개별적으로 존재할 때 R, L, C에 소비되는 전력을 계산하여 전압·전류와 순시 전력과 위상 관계를 그려라.

풀이 저항을 갖는 물질에 전압을 인가하면 전류의 크기에 따라 역기전력이 발생하여 전류의 흐름을 억제한다. 실효값 I, 각속도가 ω의 정현파 교류전류 i가 흘렀다고 하면 저항의 극간에 나타나는 전압 v_R과 순시 전력 p_R은 다음 식과 같이 된다.

$$\left.\begin{aligned} i &= \sqrt{2}\,I\sin\omega t \\ v_R &= \sqrt{2}\,IR\sin\omega t \\ p_R &= 2I^2R\sin^2\omega t = I^2R(1-\cos 2wt) \end{aligned}\right\} \tag{7.1}$$

전압 v_R, 전류 i, 순시 전력 p_R의 관계를 나타내면 그림 7.1(a)와 같이 되어 순시 전력 p_R은 전원의 2배의 주파수로 변동하고, 평균치는 I^2R이 된다.

인덕턴스에 대해서도 마찬가지로 생각한다. 인덕턴스는 전류의 변화를 억제하는 특성이 있어 전류가 상승하려고 할 때는 전원과 역방향의 전압을 발생시키고 전류가 감소하려고 할 때는 전원과 같은 방향의 전압을 발생시켜 전류의 변화가 억제된다. 인덕턴스 L에 발생하는 전압 v_L은 다음 식과 같이 나타낼 수 있다.

(a) 저항부하일 때의 유효전력 p_R

(b) 인덕턴스 부하일 때의 유효전력 p_L

(c) 콘덴서 부하일 때의 유효전력 p_c

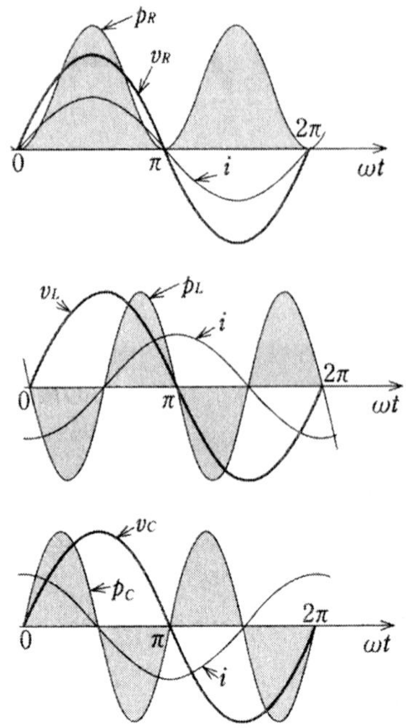

그림 7.1 유효전력과 무효전력

$$v_L = L\frac{di}{dt} = \sqrt{2}\,\omega LI\cos\omega t \tag{7.2}$$

전류는 전압 v_L에 대해서 늦은 위상이 되며 실효값은 I 이다. X는 리액턴스이며 $X=\omega L$이다. 인덕턴스 L에서 소비되는 순시 전력 p_L은 순시 전압 v_L과 순시 전류 i의 곱이며 다음 식에서 나타내듯이 전원의 2배의 주파수를 가지는 정현파가 된다.

$$p_L = (\sqrt{2}\,\omega LI\cos\omega t)(\sqrt{2}\,I\sin\omega t) = I^2X\sin 2\omega t \tag{7.3}$$

이 관계는 그림 (b)에 나타내었듯이 전류가 상승하고 있는 동안은 p_L은 양으로 전류가 피크에 이를 때 에너지 축적량이 최대가 된다. 전류가 음으로 변하면 축적 에너지를 방출하여 전류치의 감소를 억제한다. 전류가 0이 될 때까지 에너지를 방출하지만 축적 에너지와 방출 에너지는 같다. 1사이클의 평균 에너지는 0이다. 축적 에너지의 크기는 $Q=I^2X$로 나타내고 저항으로 소비되는 유효전력 $P=I^2R$에 대해서 무효전력이라고 정의한다.

정전용량 C는 전압의 변화를 억제하는 효과를 가지고 있어서, 전압의 상승 중에는 에너지를 축적해 전압의 상승을 억제하고 전압이 감소할 때는 에너지를 방출하여 전압의 감소를 억제한다. 전압이 최대치를 나타낼 때 에너지의 축적이 최대가 된다. 에너지의 축적과 방출을 반복하므로 1사이클 에너지의 평균치는 0이 되고 무효전력이 된다. 전류는 전압에 대해서 90°앞선다. 그 관계를 그림 (c)에 나타내었다.

무효전력은 열의 발생이나 기계적인 에너지의 소비는 없지만 인덕턴스나 정전용량의 경우에도 에너지의의 축적과 방출에 수반하는 에너지의 공급이 필요하다. 이것이 전력 분야의 파워일렉트로닉스를 특징짓고 있다.

또한, 인덕턴스의 경우와 정전용량의 경우는 무효전력의 극성이 그림 (b), (c)에 나타내듯이 거꾸로 된다. 일반적으로는 전자의 경우와 같이 뒤진 무효전력이 많기 때문에 전원으로부터 공급되는 뒤진 무효전력을 정으로 하고 정전용량의 앞선 무효전력을 "뒤진 무효전력을 발생하는"이라고 생각하는 수가 많다.

7.1.1 유효전력과 주파수의 관계

발전기의 부하 특성을 실험할 때 무부하일 때 회전속도가 가장 높고, 부하를 걸게 되면 회전속도가 떨어지는 현상을 자주 경험한다. 발전기에 정격부하를 걸었을 때, 전압이나 주파수가 소정의 크기가 되도록 계자 자속이 설계되어 있다. 단, 발전기를 구동하는 전동기는 무한대 용량의 전력계통으로부터 전력을 공급받고, 전동기의 속도가 폐루프를 구성하여 정밀하게 제어되면 발전기의 출력 전압과 주파수를 정격으로 유지할 수 있다. 전동기의 전원 용량은 무한하게 크고, 전동기의 속도 제어는 고속으로 실행되는 것이 기본이다.

일상적으로 이용되고 있는 상용 전원의 발전기에 대해서 보면 실험실 레벨과 동작환경에 큰 차이가 있다. 근래에는 원자력발전이 베이스 부분을 맡아 그것을 보충하는 형태로 수력발전이나 화력발전, 그 외의 발전 전력이 이용된다. 수용가 측에서 보면 다른 전원으로부터 병렬로 전력을 공급을 받고 있다. 계통에는 불특정 다수의 부하가 걸려있으므로 부하의 전압이나 주파수를 제어하기 위한 폐루프를 구성하는 것이 어렵다. 또한, 원자력발전은 입력을 조정을 할 수 없고 수력발전이나 화력발전은 발전 전력을 조정할 만한 적응성이 없다. 전력소비가 클 때는 새롭게 화력발전소나 수력발전소를 가동시키고 전력소비가 적게 되면 그 발전소를 정지시키는 식으로 조정된다. 이러한 동작 환경을 생각하면 전력계통의 부하(유효전력)가 클 때는 전압과 주파수가 작아지고, 부하가 작아지면 전압과 주파수는 높아진다. 그 현상은 시간대에 따라 변화하므로 부하로 사용되는 전기기기의 수명이나 성능에 영향을 준다. 전압에 대해서는 다음에 말하는 송전선에 의한 전압강하가 크게 관계하므로, 부하의 대소에 의한 영향이 모두는 아니지만 부하의 유효전력이 변동하면 주파수가 변동되어 계통 전체에 영향을 미치므로 조정이 중요하다.

7.1.2 무효전력과 전압의 관계

그림 7.2는 송전선의 등가회로이다. 본래는 분포 정수회로가 되지만 집중 정수로 나타내고 있다. 저항, 리액턴스, 대지 간 정전용량으로 구성되지만 가장 지배적인 영향은 리액턴스이다. 이 리액턴스에 의한 무효전력이 전압에 어떻게 영향을 끼치는지에 대해 설명한다.

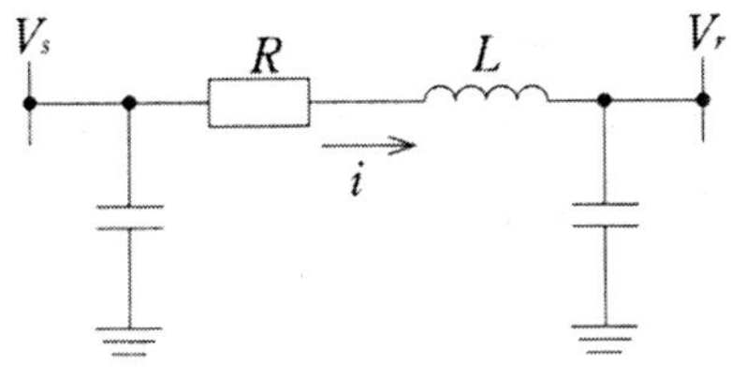

그림 7.2 송전선의 등가회로

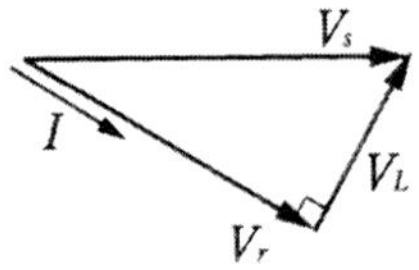

(a) 역률 1의 부하

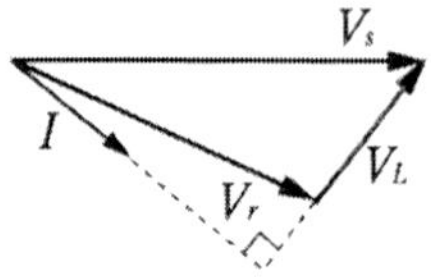

(b) 지상역률 부하

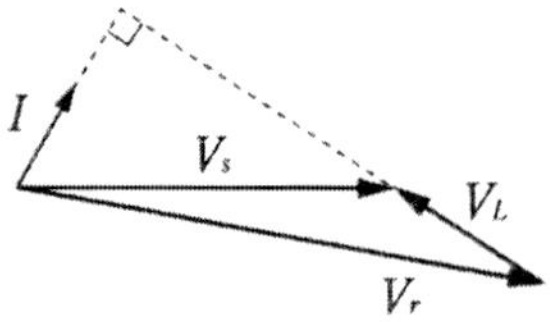

(c) 진상역률 부하

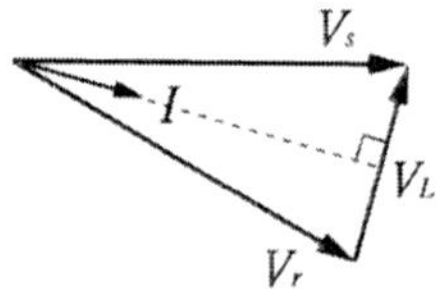

(d) $V_r = V_s$의 역률 부하

그림 7.3 무효전력에 의한 수전단의 전압 변동

그림 7.3에 대하여 V_s는 송전단의 전압을, V_r은 수전단의 전압을 나타낸다. 그림 (a)는 수전단에 대하여 역률 1의 부하를 접속했을 경우의 전압 관계이다. 리액턴스에 의한 전압강하 V_L은 전류보다 90°앞서 있다. 수전단의 전압 V_r과 리액턴스에 의한 전압강하 V_L를 합성한 것이 송전단의 전압 V_s가 된다. 수전단의 전압 V_r은 리액턴스에 의한 전압강하 V_L의 영향을 받아서 저하된다.

그림 (b)는 수전단에 지상역률의 부하를 접속했을 경우이다. 수전단의 전류 I는 전압에 비해 뒤지기 때문에 리액턴스 전압 V_L는 전류에 대해서 90°앞서고 수전단 전압 V_r과 리액턴스 전압 V_L의 합이 송전단 전압 V_s가 된다. 이 경우도 수전단의 전압 V_r은 리액턴스에 의한 전압강하 V_L의 영향을 받아서 저하된다.

그림 (c)는 수전단에 대해 진상역률의 부하를 접속했을 경우이다. 수전단의 전류 I는 전압 V_r보다 앞서고 전류 I에 대해서 90°앞선 위상에 리액턴스 전압 V_L이 생긴다. 수전단의 전압 V_r과 리액턴스에 의한 전압강하 V_L를 합성한 것이 송전단의 전압 V_s가 되기 때문에 수전단의 전압 V_r은 송전단의 전압 V_s보다 높아진다.

수전단의 전압 V_r을 송전단의 전압 V_s와 같게 하려면 그림 (d)에 나타내었듯이, 수전단에 대해 진상역률이 되는 부하를 접속하여 송전단에서 보면 지상역률, 수전단에서 보면 진상역률이 되도록 하고 있다. 이와 같이 하면, 송전선의 리액턴스에 의한 무효전력을 송전단과 부하단으로부터 공급하게 된다. 무효전력은 전압의 절대치가 높은 쪽으로부터 낮은 편에 흐르므로 송전선의 중간점 부근에 전압의 최저점이 있다.

이와 같이 지상 무효전력이 수전단의 전압에 영향을 준다. 그 무효전력을 발생하는 것은 송전선의 리액턴스이므로 수전단 근방에서 국부적으로 보상할 수 있다. 이러한 관점으로부터 무효전력의 보상은 송전 담당자인 전력 사업자뿐만 아니라 불특정 다수의 수용가에게도 배려가 요구된다.

7.1.3 허용 고조파 전압·고조파 전류

전력 변동과 함께 나타나는 낮은 주파수의 전압 변동은 조명기구나 텔레비전 수상기 조명의 변화, 깜박거림을 일으켜 시각에 영향을 주고 피로를 준다. 이것은 조명 플리커라고 불리는 현상이다. 전자 악기나 계산기에도 영향을 줄 가능성이 있다. 조명 플리커는 그림 7.4에 나타내는 깜박거림 시 감도 곡선에 근거하여

$$\Delta V_{10} = \sqrt{\sum^{n}(a_n{}^* \Delta V_{fn})} \tag{7.4}$$

에 의해 전압 플리커와 깜박거림감이 동일한 정현파 10 Hz로 환산하여, 그것의 실효값으로 평가된다. 여기서, ΔV_{fn}은 주파수대역 f_n의 진폭, a_n은 주파수대역 f_n의 중심 주파수에 대한 깜박거림시 감도 계수이다.

한편, 고조파 전류는 계통에 대해서 전류원으로서 작용해 파형 왜곡이나 통신 시스템에 잡음을 발생시킨다. 이 유도 장애는 유도되는 잡음의 정도로부터 평가한다. 일본에서는 등가 방해 전류가 지표로 이용된다.

각 전력회사에서는 전압 왜곡과 통신 유도 장애를 억제하기 위해서 고조파 전압, 전류에 일정한 기준을 설정해 규제하고 있다. 표 7.1은 그 일례로 66 kV 이상의 전력선에 대한 고조파의 기준치이다.

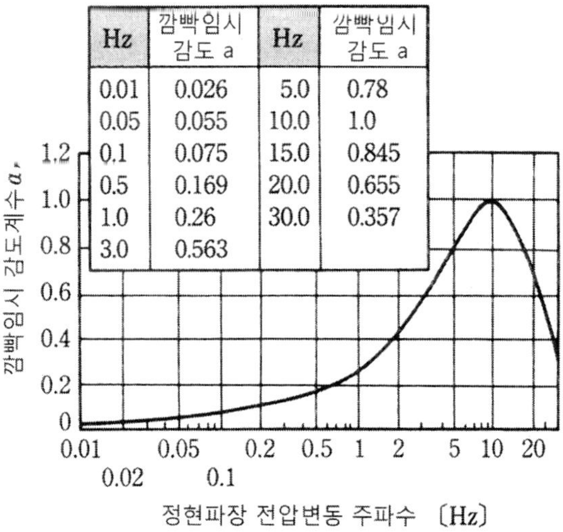

Hz	깜빡임시 감도 a	Hz	깜빡임시 감도 a
0.01	0.026	5.0	0.78
0.05	0.055	10.0	1.0
0.1	0.075	15.0	0.845
0.5	0.169	20.0	0.655
1.0	0.26	30.0	0.357
3.0	0.563		

그림 7.4 깜박거림 시 감도 곡선

표 7.1 허용 고조파 전압, 허용 고조파 전류의 예

(a) 허용 고조파 전압

송전계통	각 차 고조파 전압 함유율	비 고
154 kV 이상	0.5%	전압 종합 왜곡 약 1.0% 이하
66 kV 이하	1.0%	전압 종합 왜곡 약 2.0% 이하

(b) 허용 고조파 전류

고조파차수	5	7	11	13	17	19	23	25
제한치[A]	10.6	5.0	2.6	2.2	1.8	1.7	1.8	1.9

7.2 양수발전에 의한 주파수의 조정[2), 3)]

7.2.1 사이리스터 기동 장치

양수발전에 이용되는 정속 발전 전동기는 동기기이므로 고정자 전류의 주파수에 의해서 회전속도가 정해져 고정자 전류의 자계와 계자 자속 사이의 상차각에 의해서 토크가 정해진다. 계통에 동기 투입된 뒤는 통상의 동기전동기로서 여자 제어를 병용하여 역률 제어도 가능하다. 문제는 동기속도까지 회전속도를 올리기 위한 기동법이다. 일반 동기기는 제동 권선을 이용해 유도기로 기동하거나, 0 속도에서부터 동기속도까지 주파수 가변의 별도 전원으로 구동하는 등의 방법으로 기동이 가능하기는 하지만, 가속 과정에서나 동기 투입 시에도 계통에 주는 동요가 작은 것이 바람직하다. 그 기동법의 하나로 그림 7.5에 나타낸 사이리스터 기동 방식이 있다.

발전 전동기의 회전자 위치를 인버터 INV에 피드백하여 컨버터 CON의 전압·전류를 제어하는 것으로서, 말하자면 무정류자 전동기로서 시동·가속하는 것이다. 동기속도에 이른 후, 스위치 S_1로부터 S_2에 새로 바꾸어 계통으로부터 공급되는 전력에 의해서 동기 운전을 실시하는 것이다. 기계적 속도는 항상 동기속도이다. 양수 운전의 경우로 보면, 양수 펌프의 공식은

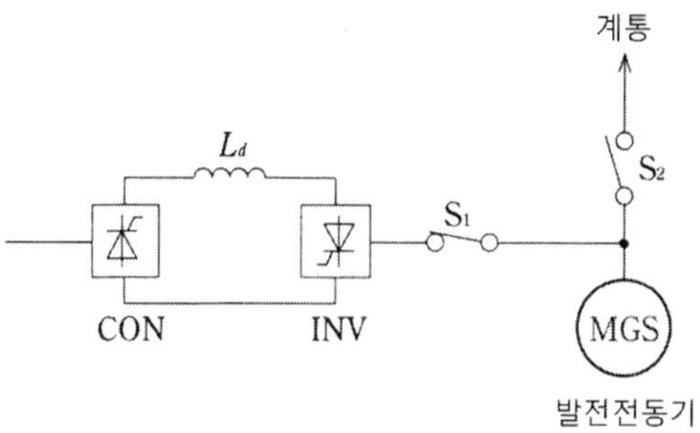

그림 7.5 사이리스터 기동 장치

$$P_M = \frac{9.8QH}{\eta_M} \tag{7.5}$$

여기서, P_M : 전동기의 출력[kW], Q : 올린 수량[m^3/s], H : 양정[m], η_M : 효율

전동기의 출력 P_M을 일정으로 하면, 양정(아래 연못의 수면에 대한 위 연못의 수면의 높이)이 큰 만큼 올려 보낸 수량 Q는 작아져, 전력(주파수)의 조정 능력의 여력이 작아진다. 전력(주파수)의 조정 능력은 양정만으로 정해지게 된다.

7.2.2 가변속 양수발전 시스템

유도전동기의 2차 여자 제어의 개념을 응용하여 발전 전동기를 정속이 아니라 가변속으로 할 수 있게 하여 전력(주파수)의 조정 능력을 넓게 하려고 하는 것이 가변속 양수발전 시스템이다.

예제 7.2 유도전동기의 고정자에 전류가 흐르면 회전자계가 만들어지지만 회전자의 전류에 의해서도 회전자계가 만들어진다. 회전자가 만드는 회전자계를 정지한 좌표계로 보면 어떠한 속도로 회전할까? 고정자 전류의 주파수를 f_0, 슬립 s, 동기속도를 n_0로써 설명하라.

풀이 회전자는 $(1-s)n_0$로 회전하고 있다. 주파수 영역에서 표현하면 $(1-s)f_0$로 회전하고 있다. 회전자에 흐르는 전류의 주파수는 sf_0이다. 정지한 좌표계로 보면, 회전자가 만드는 회전자계는 $(1-s)f_0+sf_0=f_0$로 되어 1차 주파수와 같게 된다. 즉, 회전자가 만드는 회전자계도 n_0로 회전하고 있다.

다시 생각해 보면, 권선형 유도기를 사용해 고정자 코일을 f로 여자하고 회전자에 슬립 주파수와 같은 2차 전류를 흘리면, 동기속도가 변하지 않는 채로 회전속도가 $(1-s)n_0$으로 회전한다.

가변속 양수발전 개념을 그림 7.6을 이용하여 설명한다. 그림 (a)가 시스템 구성이고 펌프와 수차를 공유할 수 있는 펌프 수차에 발전기 전동기로 권선형 유도전동기가 직결되어 있다. 유도전동기의 고정자는 교류 계통에 연결되고 회전자는 교류 여자 장치로부터 슬립 주파수에 맞는 낮은 주파수의 교류 전류가 흐르게 하도록 구성되어 있다. 회전자 회로의 전력은 슬립링을 통해 계통 측에서 꺼내기도 하고 계통 측에 전력을 흘려 넣을 수도 있다. 계통 전력의 여력이 있을 때 양수 운전하여 에너지를 연못 위에 저장하고 전력이 필요할 때는 양수되는 전력을 떨어뜨리거나 또는 수차로 운전하여 발전 전력을 계통에 공급한다.

다음으로 양수 운전을 예를 들어, 발전 전동기를 가변속하는 효과를 설명한다. 그림 (b)는 펌프를 정속기에 대해서 증속 운전 혹은 감속 운전했을 때의 펌프 입력(전동기 입력)의 특성을 나타낸 것으로 횡축은 양정이다. 양수 펌프의 토크는 회전속도의 제곱에 비례하고 또한 유량에 비례하므로 실질적으로 소요 출력은 회전속도의 세 제곱에 비례한다. 정속기에 비하여 가변속의 효과는 음영부의 폭으로서 나타나 증속 때는 펌프 입력이 높아지고 감속되었을 경우는 펌프 입력이 낮아진다. 이 폭이 가변속 운전한 것에 의한 유효전력(주파수)의 조정 능력이다.

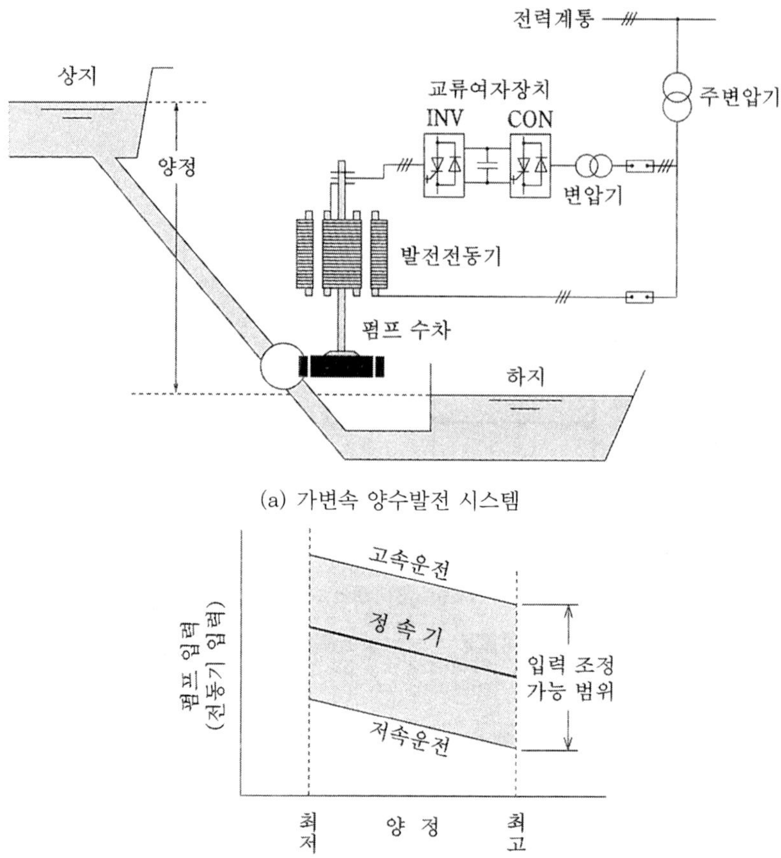

(a) 가변속 양수발전 시스템

(b) 가변속 운전에 의한 입력 조정 범위

그림 7.6 가변속 양수발전의 개념

또한 증속 혹은 감속의 범위는 교류 여자 장치의 용량으로 정해진다. 2차 여자 제어의 항에서도 설명한 것처럼 교류 여자 장치의 용량은 회전 주파수에 비례해 커지지만, 회전속도의 조정 범위는 ±5%에서도 충분히 효과가 있다고 한다.

유도전동기를 이용한 발전 전동기의 동작에 대해서 설명을 더 보충한다. 그림 7.7은 하루 동안의 부하 곡선을 기준으로 하여 가변속 운전에 의한 주파수 변동 억제 효과를 설명하고 있다. 낮에는 유효전력을 과대하게 요구되어 주파수는 내려가는 경향을 보여준다. 그와 반대로 밤 동안 유효전력 수요는 줄어들어 주파수는 상승 추세를 보인다. 낮의 전력 수요가 큰 경우에는 발전 전동기는 슬립 주파수를 양수로 하여 세르비우스 운전을 한다. 이때 회전속도는 동기속도 이하로 회전하여 계통에서 전력을 가지고 가지 않는 방향으로 조정한다. 전력 수요가 적은 야간에는 슬립 주파수를 음수로 하고 초동기 세르비우스 운전영역으로 회전속도를 올리고 계통에서 전력을 적극적으로 양수 운전으로 발생해, 계통전력(주파수)의 조정을 실시한다. 그림 7.8에 세르비우스 운전과 초동기 세르비우스 운전을 할 수 있는 유도전동기의 슬립과 출력의 관계를 나타낸다.

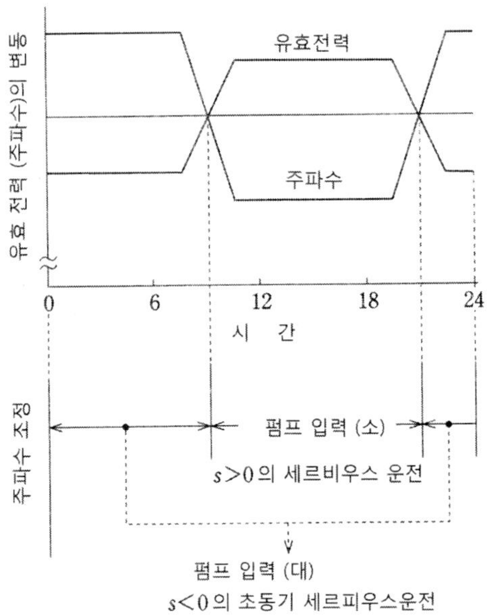

그림 7.7 가변속 운전에 의한 주파수 변동 억제

유도전동기의 1차 입력 전력 P_1 가운데, 슬립 주파수에 비례한 전력 P_2는 계통에 회수되어 그 차이가 축출력 $P_1 - P_2$로서 나타난다. 따라서 동기속도 이하의 세르비우스 운전에서는 축출력은 1차 전력보다 작아진다. 반대로, 슬립 주파수에 비례한 전력 P_2를 계통 측으로부터 주입하면, 1차 전력과 2차 전력이 합쳐져 축출력이 증가하며 동기속도 이상의 초동기 세르비우스 운전이 된다.

여기서 설명을 보충하면, P_2는 2차 여자 전력이라고 하는 것이고, 유도전동기에 대해 2차 입력이라고 하면 1차 입력으로부터의 1차 동손과 철손을 줄인 것이며 2차 회로에서 소비되는 전력과 기계력으로 변환되는 전력의 합을 의미한다. 따라서 교류 여자의 발전 전동기를 이해할 때는 2차 입력과 혼동하지 않게 주의하는 것이 필요하다.

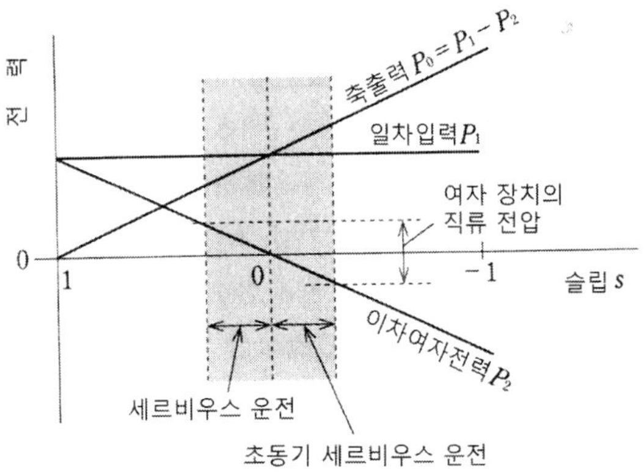

그림 7.8 유도전압기의 슬립 – 출력 특성

7.3 무효전력 보상[5), 6)]

7.3.1 커패시터 전환 방식과 위상제어 리액터 방식

송전선에는 저항 외에 리액턴스 성분이 있고 송전단 측에서 무효전력을 공급할 필요가 있기 때문에 결과적으로 수전단 측에 전압 변동으로서 나타난다. 이것은 유효전력의 과부족에 의한 것이 아니기 때문에 국부적으로 전압 변동을 보상할 수 있다. 송전선의 리액턴스는 대부분 인덕턴스이며 교류 스위치를 이용한 커패시터의 개폐나 리액터 전류를 제어함으로써, 전압강하를 부분적으로 보상한다.

크게 나누면, 커패시터 전환 방식(TSC)과 위상제어 반응장치방식(TCR)이 있다.

그림 7.9는 커패시터 전환 방식의 한 예이다. 그림 (a)에서 부하는 예를 들어 사이리스터 정류회로이며 전원으로부터 부하전류 I_L이 공급되고 있다. 부하전류 I_L은 전원 전압 V_s와 동상의 유효전류와 V_s에 대해 90° 늦은 무효전류 I_{Lq}로부터 나타난다. 커패시터 전환 방식의 무효전력 보상 장치는 커패시터 $C_1, C_2, \dots$를 사이리스터 스위치에 의해서 적당히 투입하여 지연의 무효전류 I_{Lq}를 진상 무효전류 I_C에 의해서 보상하는 것이다. 보상 장치 투입의 전후에 전원으로부터 공급되는 전류 I_s의 유효성분은 변하지 않고 무효전류 성분은 $I_{Lq} - I_C$가 되어 감소한다. 전압 전류 관계의 벡터도는 그림 (b)에 나타내었다. 커패시터의 투입, 차단에서는 앞선 무효전류 I_C가 단계적으로 변경되므로 $I_{Lq} = I_C$ 조건을 완전하게 만족하는 제어는 간단하지 않다. 따라서 보상후의 전원 전압 V_S과 전류 I_S는 앞선 역률이 되지 않을 정도로 거의 동상에 가까운 레벨까지 보상된다.

그림 7.10(a)는 위상제어 리액턴스 방식의 무효전력 보상 장치이다. 부하는 사이리스터 정류장치로 된다. 기본적인 아이디어는 커패시터 스위칭 방식과 큰 차이는 없다. 부하전류 I_L의 무효전류 성분 I_{Lq}를 보상해 없애기 위해서 커패시터를 투입하는 것은 같지만 고정 용량의 커패시터와 이것과 병렬로 사이리스터 스위치와 리액터를 접속하여 전류 I_L의 무효전류 성분 I_{Lq}를 완전하게 보상하려고 하고 있다. 그림 (b)의 벡터 관계로부터 알 수 있듯이 부하전류 I_L의 무효전류 성분 I_{Lq}는 뒤져 있으므로 커패시터 C를 투입해 I_{Lq}보다 좀 많은 진상 무효전류 I_C를 공급하고

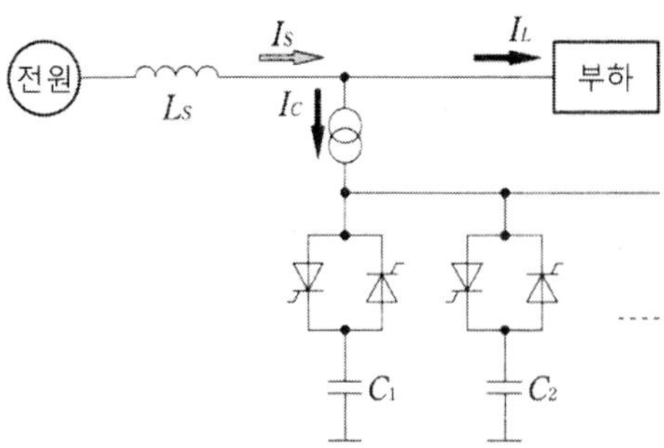

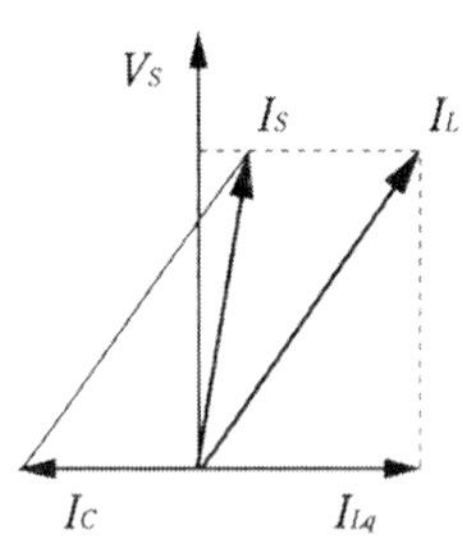

그림 7.9 커패시터의 개폐에 의한 무효전력 보상

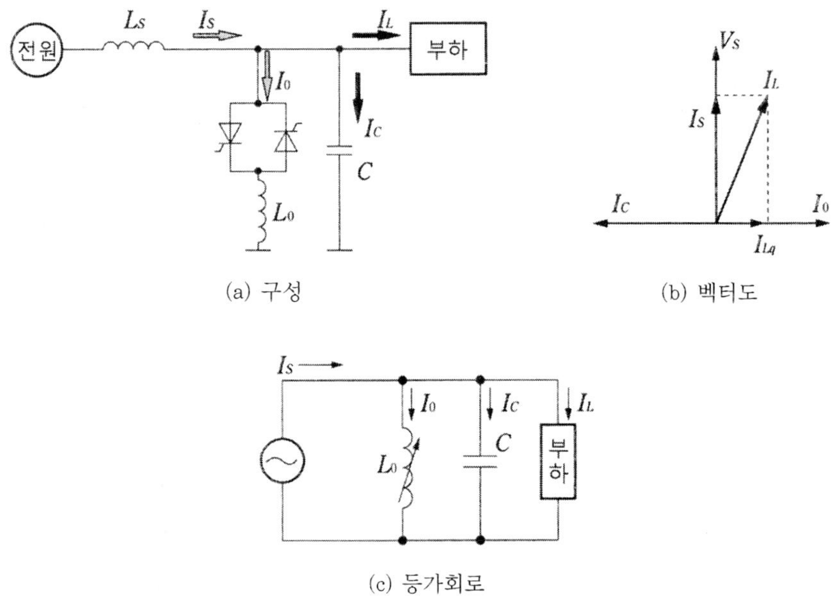

그림 7.10 위상제어 리액터에 의한 무효전력 보상

무효전류의 차이 $I_C - I_{Lq}$를 사이리스터 제어 리액터의 전류 I_0로 보상한다. 사이리스터 제어 리액터에서는 전류의 크기를 정밀하고 연속적으로 제어할 수 있으므로 무효전류는 완전히 없어진다.

전원으로부터 공급되는 전류 I_S와 V_S가 동상이 된다. 위상제어 리액터 방식은 그림 (c)와 같이 커패시터 C와 가변 용량 리액터로 구성된 등가회로로 나타낼 수도 있다. 또한, 커패시터 전환 방식과 위상제어 리액터 방식은 기본 주파수 성분의 무효전류에 대해서 보상하는 것이다.

7.3.2 액티브 필터

전력의 품질은 수전 전압의 유지와 함께 고조파와 플리커의 문제가 없는 것이다. 고조파나 플리커 대책으로서 최근 액티브 필터가 주목받아 왔다. 그 개념은 계통의 기본파 성분 이외의 고조파를 모두 무효전력으로서 파악해 액티브 필터 내에서 그것과 동등의 무효전력을 발생시켜 없애는 것이다.

그림 7.11은 병렬형 액티브 필터의 구성과 동작 원리를 나타낸다. 그림 (a)에 대해 부하는 사이리스터 정류회로로서 설명한다. 사이리스터 정류회로의 전류는 식 (6.18)에서 나타낸 것처럼 기본파 성분 외에 홀수 고조파가 존재하지만 고조파나 플리커의 원인이 되는 것은 기본파를 제외한 성분이다. 여기서 사이리스터 정류회로의 입력단에 자기 여자 변환을 기본으로 하는 액티브 필터를 접속하여 기본파 이외의 고조파 성분을 액티브 필터 측으로부터 발생시킨다. 그림 (b)는 동작 파형을 나타낸다. 전원 전압 v를 정현파로 하면 전압 v와 동상의 전류 i_S를 흘리면 역률 1의 운전이 된다. 여기서 전류 i_S와의 차이를 구해 그 전류 i_{AF}를 액티브 필터로부터 발생시키도록 제어하면, 전원에서는 기본파 유효전류만이 공급된다.

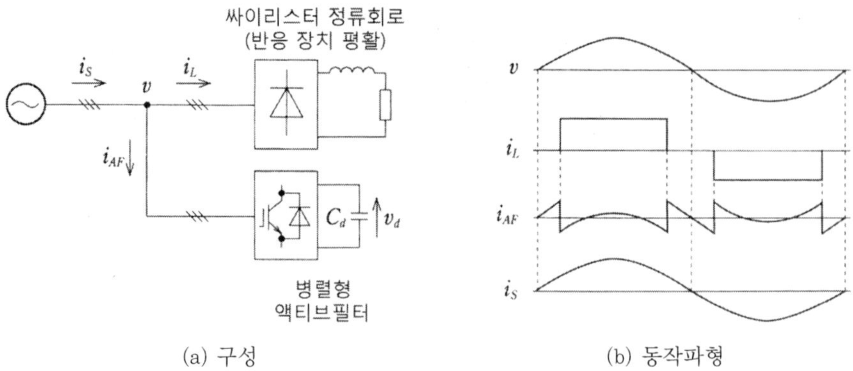

그림 7.11 병렬형 액티브 필터의 구성과 동작 파형

그림 7.12는 GTO를 이용한 실제의 액티브 필터의 예이다. 이 자기 여자 변환기의 구성과 기본적 제어법은 그림 6.17에서 PWM 컨버터로 설명하고 있다. 단, PWM 컨버터의 직류 회로에 부하가 접속되어 있지만 액티브 필터에는 없다. 액티브 필터에서는 커패시터 C의 전압을 유지하기 위해서 유효전류가 계통 측으로부터 공급되지만 그 이외는 모두 무효전력을 발생한다.

액티브 필터는 출력 커패시터 C_d의 직류 전압 V_d가 일정치가 되도록 제어된다. 교류 측에서 보면, 교류 전압과 동상성분의 전류(유효전류)로 직류 전압 V_d를 충전한다. 동시에 그 이외의 무효전력 성분을 0으로 제어한다. 커패시터 전압의 지령치 V_d^*와 실제의 전압 V_d를 비교하여 그 전압 차를 수정해야 할 전류 지령치 I_{sm}^* 로 결정한다. I_{sm}^* 는 전압의 위상 $\sin\omega t$, $\sin(\omega t-2\pi/3)$, $\sin(\omega t-4\pi/3)$과 곱해져서 3상의 전류 지령치 i_S^*를 결정할 수 있다. 그 다음에 전류 지령치 i_S^*는 부하전류 i_L과의 차이가 구해져 액티브 필터로 발생해야 할 전류 i_{AF}^*의 지령치가 된다. 그 다음에 i_{AF}^*는 실제의 전류 i_{AF}^*하고 비교되어 PWM 제어 회로에 보내져 변조된다.

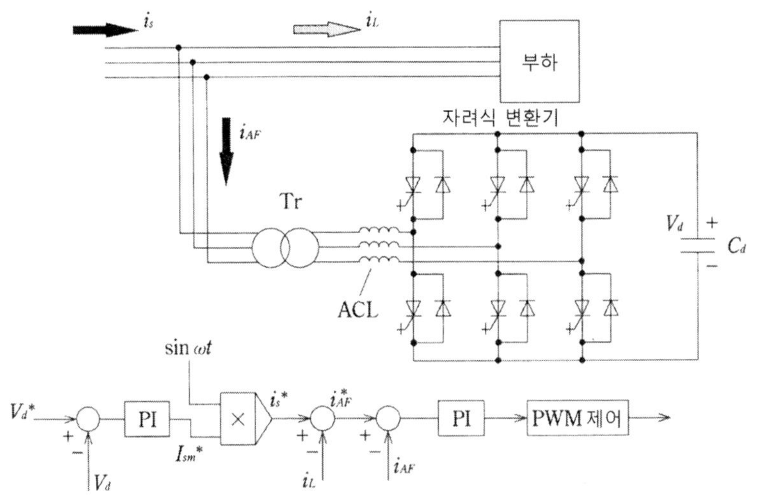

그림 7.12 실제의 액티브 필터와 제어 방법

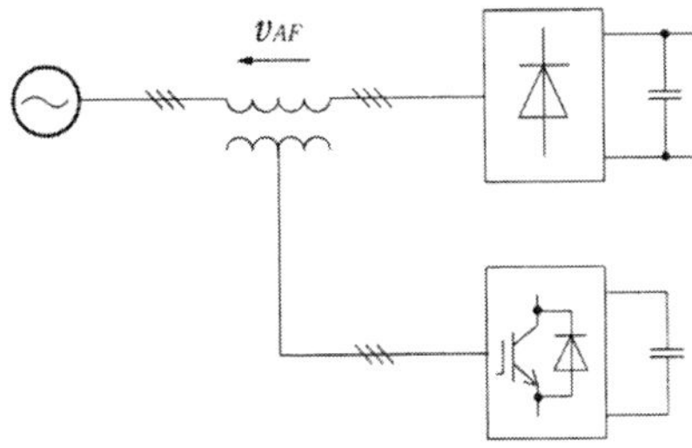

그림 7.13 직렬형 액티브 필터의 구성

결과적으로 교류 측에서 유효전류는 전압과 동상이 되어 정현파로 제어된다. 부하인 사이리스터 정류장치의 무효전류는 모두 액티브 필터가 발생하여 부하에 공급하게 된다. 그림 7.13은 직렬형으로 불리는 액티브 필터이다. 사이리스터 정류회로를 부하에 두고 전원과 부하를 잇는 선로에 변압기를 직렬로 삽입해, 변압기를 투입시켜 액티브 필터로 발생한 전압을 주입하는 방식이다. 병렬형은 설명했으므로 많은 설명을 필요로 하지 않는다고 생각된다. 전원으로부터 유효전류만을 부하에 공급하여 고조파 전류는 가능한 액티브 필터로부터 공급하는 것이다. 그 때문에 선로에 전압원을 삽입한다.

다만, 직렬로 삽입된 전압원으로 고조파 성분을 보상하려고 하면, 기본파 성분에 미치는 영향도 무시할 수 없고 사고시의 대응을 고려할 필요가 있다.

7.3.3 수전 측에서의 무효전력 저감에 대한 대응

모든 산업분야로부터 가정에 이르기까지 전력전자 기기가 적용되어 오면서 무효전력의 문제나 고조파의 문제가 표면화했다고 말할 수 있다. 대전력을 필요로 하는 업계에 있어서는 무효전력 보상이나 고조파 문제가 파급되지 않게 대책을 세운 교류전동기의 구동 회로가 이미 실용화 되어 제공되고 있다. 그 기본 기술은 앞서 말한 무효전력 보상의 기술과 공통되는 부분이 많지만 대표적인 예를 그림 7.14에서 설명하고자 한다.

그림 (a)는 부하의 교류전동기를 비순환 전류식 사이클로 컨버터에 의해 구동하는 것으로 U상 권선만을 나타내고 있다. 주된 포인트는 전원 계통과 사이클로 컨버터 사이에 전동 발전기(M-G)를 둔 것이다. 비순환 사이클로 컨버터의 경우, 출력의 고조파가 많고 입출력의 주파수 변환비도 제한된다. 또한, 입력 주파수와 출력 주파수 측정범위 파형이 복잡하게 변화한다. 그 영향을 M-G세트로 차단하여 계통 측으로 유실하지 않게 하고 있다. 그림 (b)와 같이 교류전동기를 비순환 전류식 사이클로 컨버터에 의해 구동하는 것으로 U상 권선만을 도시하고 있다. 이 방식은 NC(타려) 컨버터와 FC(자려) 컨버터를 직렬 접속하고 있는 것이다. NC(타려) 컨버터를 지연각 α로 제어하면 그 전류 i의 기본파 성분은 식 (6.18)에 의해

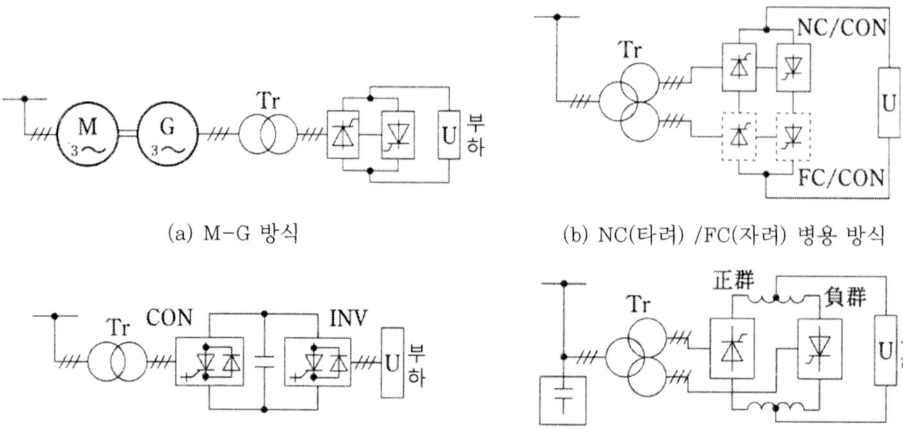

(a) M-G 방식 (b) NC(타려) /FC(자려) 병용 방식

(c) 자려 컨버터·자려인버터 방식 (d) 순환 전류 제어형태 변환 방식

그림 7.14 수전 측에서의 무효전력 보상

$$i = \frac{2\sqrt{3}}{\pi} I_d \sin(\omega t - \alpha) \tag{7.6}$$

같이 FC(자려) 컨버터를 진행각β로 제어하면

$$i = \frac{2\sqrt{3}}{\pi} I_d \sin(\omega t + \beta) \tag{7.7}$$

로 된다.

NC(타려) 컨버터와 FC(자려) 컨버터를 직렬 접속하면, 식 (7.6)과 (7.7)의 전류가 합성되어 흘러 무효전류 성분이 없어져 전원 전압과 동상의 유효전류 성분만이 흐른다.

기본파 이외의 홀수 고조파에 관해서도 동등한 효과가 있지만, 중복각까지 생각하면 진상영역과 지상영역에서 반대로 작용하기 때문에 완전하다고는 말할 수 없다

그림 (c)는 자려 컨버터와 자려 인버터가 조합된 방식이다. 전원계통과 관계가 있는 것은 컨버터 측이지만, 이것에 관해서는 그림 6.17이나 그림 7.12의 액티브 필터에 대해 설명한 바 있어, 그 이상의 보충은 필요로 하지 않는다고 생각된다. 그림 (d)는 그림 3.16의 순환 전류식 사이클로 컨버터의 연장선상에 있는 것으로, 주파수 변환기로서의 사이클로 컨버터에 위상제어 리액터 방식의 무효전력 보상의 개념을 보여주고 있다. 3.3.2절에 대해 설명한 것처럼, 순환 전류 I_0는 모두 무효전류가 되므로, 순환 전류를 제어할 수 있으면 위상제어 리액터의 전류 제어와 같은 효과를 가져온다. 여기서, 사이클로 컨버터의 입력단에 고정 용량의 커패시터를 접속하고 입력 전류가 전원 전압과 동상의 정현파가 되도록 순환 전류를 제어한다. 사이클로 컨버터의 유효전류는 부하전류로 정해지고 무효전류는 사이클로 컨버터의 무효전류와 고정 커패시터의 무효전류가 서로 지워져 0이 된다.

예제 7.3 순환 전류는 변환기의 입력 역률을 나쁘게 하여 순환 전류에 해당하는 만큼의 전류용량을 늘려야 한다고 한다. 그 문제를 해결하는 방법이 있는지 검토하라.

풀이 이 문제는 최근에 해결되고 있다고 봐도 좋다. 그림 7.15는 대용량 3상 교류기에 부하전류를 공급하기 위한 구동 회로, 순환 전류를 제어하면서 무효전력 제어를 실시하는 원리를 등가회로로 보여준다. 순환 전류는 뒤진 무효전력을 취하므로 이것을 리액터로 바꾸어 변압기 외부로 출력하고 있다. U상 부하의 순환 전류분은 가변 인덕턴스 L_u로 나타내고 마찬가지로 V상 부하의 순환 전류분은 가변 인덕턴스 L_v로 나타내고 있다. W상 부하의 순환 전류분은 가변 리액터 L_w로 나타내고 있다. 변환기의 입력단에는 진상 커패시터 C를 달아 후단의 지상 무효전력과 서로 상쇄시키도록 하고 있다.

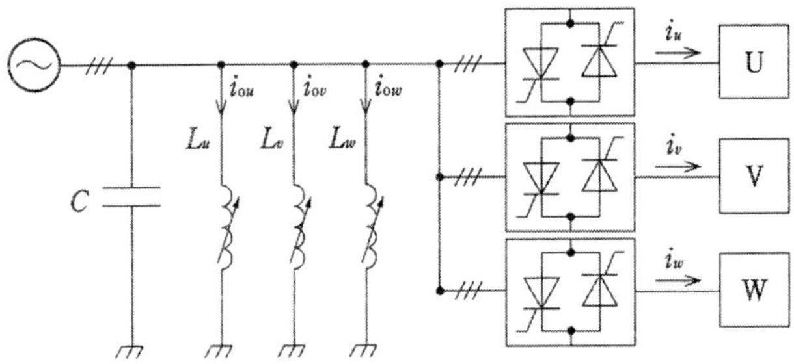

그림 7.15 순환 전류 제어형 변환기의 등가회로

이 등가회로로부터 알 수 있듯이, 부하전류 i_u, i_v, i_w들의 크기나 주파수에 의해서 부하에 필요한 무효전류는 정해지고 시시각각 변화한다. 여기에 순환 전류에 의한 무효전류 수치, i_{0u}, i_{0v}, i_{0w}가 전원으로부터 공급되어야 한다. 고정 커패시터에 의한 진상 무효전류와 서로 상쇄되는 조건을 붙이면 순환 전류를 제어할 필요가 있다. 단, 순환 전류의 크기는 U상, V상, W상 모두 같은 상일 필요는 없다. U상의 부하전류가 최대치를 나타낼 때는 U상의 순환 전류 i_{0u}를 거의 0으로 하고 V, W상의 순환 전류 i_{0v}, i_{0w}를 크게 해 진상 무효전류와 서로 상쇄되도록 하면 된다. 이와 같이, 부하전류의 변화에 호응하는 형태로 순환 전류를 배분하면, 변압기의 전류용량을 늘리지 않고 실현될 수 있는 것이다. 이러한 제어법을 도입해도 입력 계통이 불균형하게 되는 것은 아니다. 부하가 U상, V상, W상의 3상으로 되어있는 곳을 교묘하게 이용한 제어법이다. 단상 부하를 취하거나 정지형 레오나르드 시스템으로서 적용하려고 하면 변환기에서의 전류용량의 업그레이드는 피할 수 없다.

7.4 직류 송전과 직류계산

교류 송전은 송전선의 리액턴스에 의해 송전단과 수전단에 위상차이가 발생하여 송전 전력에 한계를 일으킨다. 직류로 송전하면 송전선의 직류 저항에 의한 전압강하로 억제되지만 선로 저항은 리액턴스분에 비하면 매우 작고 장거리가 되는 만큼 직류 송전이 유리하게 된다. 직류 송전 방식에는 여러 가지가 있으나 일례를 그림 7.16에 나타내었다.

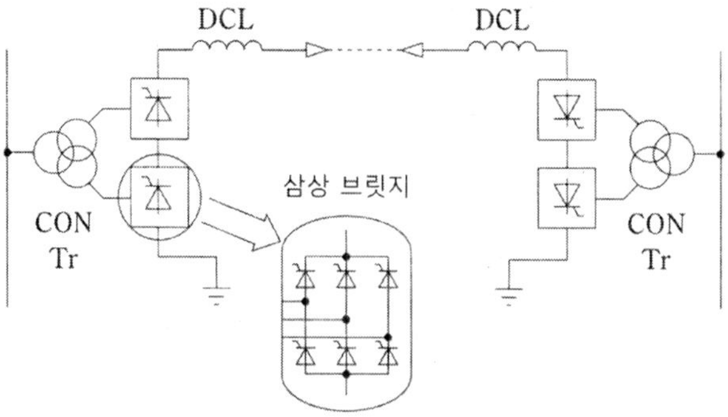

그림 7.16 직류 송전 시스템

기본적인 구성은 송전단·수전단과 단극으로 구성된 사이리스터 변환기이다. 주회로는 1선으로 귀선은 마련하지 않고 대지를 통해 주회로 전류를 흘리는 회로 방식이다. 사이리스터 변환 장치는 뒤진 무효전력을 필요로 하므로 교류 측에는 필터나 조상설비를 필요로 하지만 특별히 나타내지 않았다. 전력이 이동할 방향은 직류 전압·전류의 제어로 이루어지지만 이 점은 직류 연계 시스템과 같은 것으로 그림 7.17에 대해 설명한다.

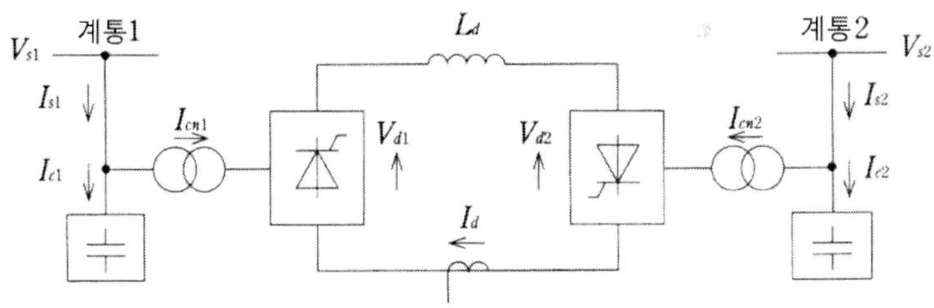

(a) 시스템 구성

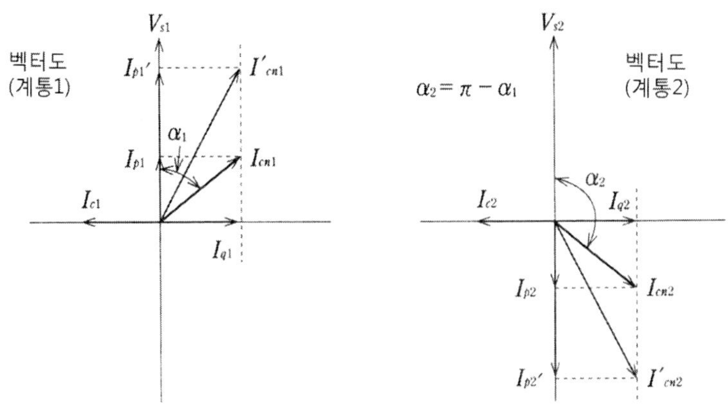

(b) 전원측의 벡터도

그림 7.17 직류 연계 시스템

일본의 전력 계통에서는 50 Hz계와 60 Hz계로 나누어져 있어 그 계통 사이에 전력을 서로 연결할 때, 이 계통 사이가 직류로 각각의 계통 주파수가 달라도 특별한 문제가 되지 않는다. 이것을 BTB 설비라고 한다.

그림 (a)가 기본 구성으로 (b)가 계통 1측의 벡터도와 계통 2측의 벡터도이다. 각각의 계통에 접속된 타려 컨버터의 교류 측에는 진상 커패시터가 접속되고 있다. 주고받는 유효전력은 직류 전압의 극성을 바꾸는 것으로 행해진다. 즉, 직류 전압 V_{d1}, V_{d2}가 그림의 화살표 방향이면 전력은 계통 1로부터 계통 2에 보내지고 화살표와 반대 방향이면 계통 2로부터 계통 1에 송전된다.

직류 전류 I_d는 직류 전압의 차이 $V_{d1} - V_{d2}$를 조정함으로써 제어되지만 정상적으로는 $V_{d1} = V_{d2}$가 성립하고 있다. 전력이 계통 1로부터 계통 2로 보내지고 있는 경우의 벡터도를 그림 (b)에 나타내었다.

계통 1에서 유효전류는 지연각 α_1을 조정해 수행되며 진상 커패시터의 진상 전류 I_{c1}과 변환기가 취하는 지상 무효전류 I_{q1}이 같게 되도록 직류 전류 I_d가 조정된다. 즉, 역률은 항상 1이다. 계통 2측에서는 직류로부터 교류로 유효전력의 크기는 앞선 각 $\beta = \pi - \alpha_2$를 조정해 행해지며 뒤진 무효전류 I_{q2}는 직류 전류 I_d을 조정하면서 커패시터의 진상 무효전류 I_{c2}를 없앤다. 이에 대한 이해는 앞선 전류식 사이클로 컨버터의 원리가 이용이 된다.

7.5 무정전 전원 공급 장치

현재의 고도 정보화 사회에서는 컴퓨터나 통신기기를 비롯해 전원이 차단되면 사회의 기능이 멈추어 버린다. 병원 등 인명과 관계되는 시설에 대해서는 비록 순시이라고 해도 전원의 차단은 허용되지 않는다. 그렇지만 전력의 소비는 매년마다 증가하는 경향에 있어, 때로는 대도시 등 특히 전력수요가 많은 지역에서 대정전 사태가 발생한다. 뇌우나 설해 등 예기치 않는 사태에도 대비해야 한다. 전력의 안정공급은 생활 기반의 중요한 부분을 차지한다.

상용 전원에 만일 정전, 순시 전압저하, 전압 변동, 서지 등이 발생하더라도 중요한 부하에 대해서 진폭, 위상, 주파수가 일정하게 유지된 고품질의 전력을 공급해야 한다. 그것이 무정전 전원 공급 장치(UPS)의 사명이다. 그 구성 예를 그림 7.18에 나타내었다. 이 예에서는 상용 전원을 입력하여 정류기에 의해서 직류로 변환해 축전지를 충전해 대기하고 있다. 다음 단계로 인버터로 진폭, 위상, 주파수가 일정한 교류에 변환되어 상용 전원이 없어졌을 경우에 필요에 따라서 출력된다. UPS가 불필요한 경우는 바이패스 회로를 통하여 상용 전원으로부터 공급된다. 정류 기술, 인버터 기술과 같은 새로운 기술 내용을 포함하고 있는 것은 아니지만, 전원이 꺼지는 것을 재빨리 검출해 UPS 측으로 새로 바꾸는 기법, UPS 측면에서 사고가 발생했을 때 재빨리 바이패스 회로로 새로 바꾸는 등 UPS 관련 문제가 있다.

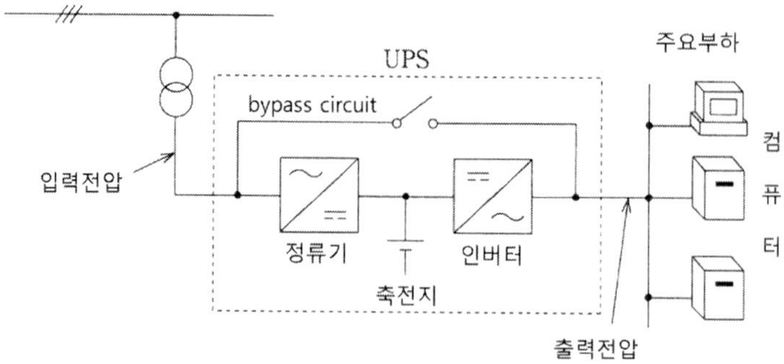

그림 7.18 UPS 시스템

최근에는 고속의 자기소호 소자도 도입되는 경향이 있어, 정류기 측의 고조파 대책, 인버터 출력의 파형왜곡 개선 등이 진행되고 있고 필터의 부담이 경감되어 소형화가 진행되고 있다.

인용 · 참고문헌

제 1 장

1) T.A. Lipo: "Heavy" Electrical Engineering-Sinking Fast?, 電気学会誌, 120, 6, (2000)
2) W.E. Newell: "Power Electronics-Emerging Limbo", IEEE Trans. IA, IA-10, 1, p.7 (1977)
3) 山村 昌, 山本充義, 多田隈進: 電気機器工学II (改訂版), 電気学会 (1988)
4) 片岡昭雄 : パワーエレクトロニクス入門, 森北出版 (1977)
5) 関 長隆, 倉田 衛, 竹内 南 : ターンオフサイリスタGTOの原理と応用, 電気書院 (1983)
6) 多田隈進, 大橋弘道 : "インバータ技術の現状と將來", 電気学会誌, 105, 6, p.27 (1885)
7) 池田吉堯, 北村覺一, 正田英介 : パワーエレクトロニクスの基礎, 電気学会 (1993)

제 2 장

1) 山村 昌, 山本充義, 多田隈進 : 電気機器工学II (改訂版), 電気学会 (1988)
2) 半導体電力変換方式調査専門委員会 · 半導体電力変換回路, 電気学会 (1987)

제 3 장

1) 金 東海 : パワースイッチング工学, 電気学会 (2003)
2) B.R. Pelly 著, 西条隆繁訳 : サイクロコンバータ, 電気書院 (1976)
3) Y.Tamura, S.Tanaka and S.Tadakuma: "Application of Feed Forward and Feed-back Control to Reactive Power Controllable Cycloconverter" Trans. IEE of Japan, 104-E, 1/2, p.6, 電気学会 (1984)
4) 宮入庄太 : パワーエレクトロニクス, 丸善 (1974)

제 4 장

1) 尾本義一, 多田隈進, 山下英男, 山本充義, 米山信一 : 電気機器工学I (改訂版), 電気学会 (1987)
2) 山村 昌, 山本充義, 多田隈進 : 電気機器工学II (改訂版), 電気学会 (1988)
3) 宮入庄太監修, 柴田孝則他著 : パワーエレクトロニクスによる交流電動機の可変速驅動, 東京電機大学出版局 (1981)
4) 中野孝良 : 交流モータのベクトル制御, 日刊工業新聞社 (1996)

제 5 장

1) 尾本義一, 多田隈進, 山下英男, 山本充義, 米山信一：電気機器工学Ｉ (改訂版), 電気学会 (1987)
2) 山村 昌, 山本充義, 多田隈進：電気機器工学II (改訂版), 電気学会 (1988)
3) 難波江章, 鳩村武夫, 清水市郎, 黑沢良一："誘導電動機のすべり周波數制御特性", 東芝レビュー, 31, 7, p.600 (1976)
4) 松瀨貢規：電動機制御工学, 電気学会 (2007)
5) 紙顧鐵雄編：電動機制御システム, p.197, 電気書院 (1975)

제 6 장

1) チョッパ制御方式專門委員會編：チョッパ制御ハンドブック, 電気学会 (1976)
2) 深尾 正：パワーエレクトロニクス演習, 昭晃堂 (1984)
3) 野中作太郎, 岡田英彥, 小山 純, 伊藤良三：パワーエレクトロニクス演習, 朝倉書店 (1985)

제 7 장

1) 小向敏彥, 色川彰一, 加藤政一：電力システム工学, 丸善 (1999)
2) 鳩田隆一監修, 佐藤義久著：図說 電力システム工学, 丸善 (2002)
3) 和田文雄, 系山直人：電力を支える先端技術㊤電力の発生…水力資源の活用, 電気学会誌, 116, 9, (1996)
4) 電気工学ハンドブック (第5版), p.950, (1988)
5) 今井孝二監修：パワーエレクトロニクスハンドブック, R&Dプラニング (2002)
6) 田村吉章, 田中 茂：エネルギー變換應用システム, 丸善 (2000)
7) 矢野昌雄, 打田良平：パワーエレクトロニクス, 丸善 (2000)

찾아보기

정가 10,000원

전기기기공학 II −전력전자와 전동기 구동의 기초−

2014년 1월 15일 초판 인쇄
2014년 1월 25일 초판 발행

저　자 : 多田隈　進
역　자 : 한양대학교 에너지변환연구실
발행자 : 우명찬 · 송　준
발행처 : 홍릉과학출판사
주　소 : ㉾ 142-885 서울시 강북구 인수봉로 50길 10
등　록 : 1976년 10월 21일 제5-66호
전　화 : 999-2274~5, 903-7037
팩　스 : 905-6729
ISBN : 979-11-5600-018-1

hongpub@hongpub.co.kr
www.hongpub.co.kr

역자와의 협의하에 인지생략